しくみ図解

[最新] 小型モータが一番わかる

▶基本からACモータの活用まで◀

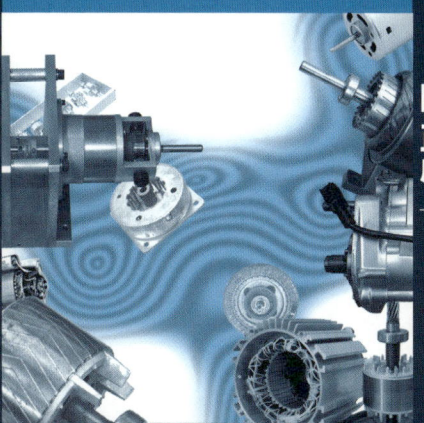

見城尚志
簡 明扶
陳 正虎
共著

技術評論社

まえがき

　技術評論社の『最新小型モータのすべてがわかる』には、さまざまの小型モータとその駆動法が解説されているが、交流モータについては必ずしも十分なスペースを確保できていない。SRモータについては、わずかの紹介程度であった。
　世界中で使われているモータの数では直流モータが多いが、マイクロモータや玩具用を含むためであって、電力使用量として圧倒的なのは交流モータであり、なかでも産業用籠型誘導モータが大半を占める。一方、モータのタイプのバリエーションが多いのは特殊モータを含めて小型モータである。本書は、動力用に限定しないで様々なタイプの交流モータとSRモータの構造と原理を解説するのを主な目的とした。ただし比較研究のために直流モータも取り上げている。
　以下に本書の章立てを説明しよう。
　まず第1章ではモータの電源として、直流と交流があるのだが、特に交流電源の意味を解説している。交流電源の中で最重要なのが3相交流であり、それを利用する代表的なモータが3相籠型誘導モータである。これを第2章のテーマとする。
　第3章は籠型誘導モータ以外の交流モータを特殊交流モータとして捉えて各種の交流モータを紹介している。ここで重要なのがリラクタンス同期モータである。
　第4章は単相交流を使う交流モータをテーマとするが、2相交流を使う特殊モータとして航空機の姿勢制御用のサーボモータも扱っている。このモータ構造を単相電源で駆動する応用として天井扇がある。これは台湾のモータ産業にとって大きな意味をもつモータである。
　第5章は籠型誘導モータの可変速運転の手段であるインバータをテーマとして、その原理と技術的変遷を見直した。
　第6章は、省資源型モータとして期待の高いSRモータにあてて、APEC（宜蘭大学先進動力与能源実験室）で学生の教育の中で試作された種々の形式と駆動回路、計測、そして電動バイクへの応用研究を紹介している。
　第7章は総括として、モータの発展史を振り返りながら将来の課題を論じると同時に、この方面の技術言語として、英語はもとより中国語の重要性について述べる。本書では基本用語の英語、日本語そして中国語の関連表を掲載したのも、その趣旨に沿うものである。

2013年1月末日　著者　見城　尚志
　　　　　　　　　　　簡　明扶
　　　　　　　　　　　陳　正虎

しくみ図解

モータが一番わかる 目次

はじめに………iii

第1章 各種ACモータとSRモータ………1

1.1　直流と交流　モータを回す電源………2
1.1.1　身近の電源‥2　　1.1.2　電源によるモータの分類‥3
1.2　直流のパラメータ………6
1.2.1　実効値とその意味‥6　　1.2.2　周波数f、角周波数ω、位相ϕ‥7
1.2.3　電力と力率‥7　　1.2.4　入力電力と出力の計測‥8
1.2.5　単相交流と多相交流‥14
1.3　モータと発電機の関係………16
1.3.1　電機子とは何か？‥16　　1.3.2　直流モータと直流発電機‥18
1.3.3　回生発電と制動─発電機と発電作用の違い‥21
1.3.4　交流モータと交流発電機‥23
1.4　交流モータと分類………27
1.4.1　ユニバーサルモータ‥27　　1.4.2　2相交流による回転磁界の発生‥30
1.4.3　同期モータと非同期モータ‥32　　1.4.4　永久磁石を使うか使わないか‥32
1.4.5　SRモータとはどんなモータか‥32
1.5　巻線の妙………35
1.5.1　重ね巻‥35　　1.5.2　集中巻‥36　　1.5.3　リング状コイル‥36

第2章 3相籠型誘導モータ………39

2.1　3相送配電系統………40
2.1.1　2相に対して3相のメリット‥42　　2.1.2　時間的3相と空間的3相‥42

CONTENTS

- **2.2 巻線に関するパラメータ** ……… 44
  - 2.2.1 毎極毎相のスロット数 ‥44　　2.2.2 同心巻と重ね巻 ‥44
  - 2.2.3 短節と全節 ‥46　　2.2.4 巻線係数—巻線の質を表す係数 ‥46
- **2.3 籠型誘導モータの原理** ……… 51
  - 2.3.1 基本構成—導体とエンドリング ‥51　　2.3.2 電磁誘導の仕組み ‥54
  - 2.3.3 モータを電気回路として理解する ‥55
  - 2.3.4 ロータに使う導体の素材と形状—高速で効率を上げる原理 ‥55
- **2.4 等価回路で計算する** ……… 56
  - 2.4.1 電流とトルク式 ‥56　　2.4.2 停動トルクと停動すべり ‥58
  - 2.4.3 比例推移特性 ‥58
- **2.5 実務的重要項目** ……… 60
  - 2.5.1 同期速度 ‥60　　2.5.2 ロータの構造 ‥64　　2.5.3 Δ結線とY結線 ‥66
  - 2.5.4 第3次高調波電流を阻止できるY結線 ‥67
  - 2.5.5 スター・デルタ起動 ‥68　　2.5.6 メリットとデメリット ‥68

第3章　特殊交流モータ ……… 69

- **3.1 今では特殊な誘導モータ** ……… 70
  - 3.1.1 巻線型誘導モータ ‥70　　3.1.2 短絡整流子型誘導モータ ‥73
  - 3.1.3 表面導体式誘導モータ ‥73
- **3.2 円筒型ロータの素材と構造** ……… 75
  - 3.2.1 渦電流モータ（eddy-current motor）‥75
  - 3.2.2 ヒステリシス同期モータ（hysteresis synchronous motor）‥77
  - 3.2.3 SPM（surface permanent-magnet）型ロータ ‥79
  - 3.2.4 IPM（interior permanent-magnet）型ロータ ‥80
- **3.3 リラクタンス同期モータ（reluctance synchronous motor）**
  ……… 82
  - 3.3.1 凹凸による磁気抵抗の変化と凸極性トルク ‥82
  - 3.3.2 回転磁界の中にロータを入れる ‥84　　3.3.3 籠型誘導モータからの変形 ‥85
  - 3.3.4 フラックスバリア型 ‥86
- **3.4 低速同期モータ** ……… 89
  - 3.4.1 インダクタ（誘導子）とは何か ‥89　　3.4.2 実際の構造 ‥91
  - 3.4.3 ハイブリッド・ステッピングモータ型（hybrid type）‥92

v

CONTENTS

3.5 隈取型誘導モータ（shaded pole motor）………96

第4章 単相モータと駆動法 ………97

4.1 コンデンサの機能 ………98
4.1.1 巻線に起きる位相遅れの解消 ··98　4.1.2 静電エネルギー ··100
4.1.3 実際に使われるコンデンサ ··100

4.2 コンデンサランモータ ………102
4.2.1 3相方式 ··102　4.2.2 2相方式 ··103　4.2.3 静電容量の適正値 ··105
4.2.4 逆転送 ··107

4.3 始動用素子を使う方法 ………110
4.3.1 コンデンサ始動 ··110　4.3.2 抵抗始動 ··110

4.4 ブレーキとしての駆動法 ………113
4.4.1 直流モータと誘導モータの大きな違い ··113
4.4.2 発電制動 ··114　4.4.3 逆転制動 ··114

4.5 Y字集中巻モータ ………115
4.5.1 航空機姿勢制御用 ··115

4.6 天井扇モータ ─ 台中が生産拠点になる ………120
4.6.1 欠点を利点に変えた設計 ··121　4.6.2 軍民比較 ··122

第5章 インバータを利用する ………127

5.1 インバータとは何か ………128
5.1.1 コンバータとインバータ ··128
5.1.2 3相ブリッジ型インバータの基本─6ステップ動作 ··129
5.1.3 インバータに使うスイッチング素子 ··131
5.1.4 パルス幅変調（PWM）による電圧と電流の調整 ··133
5.1.5 3相ブリッジ型の利点 ··136　5.1.6 6ステップ PWM ··138

5.2 正弦波の発生 ………139
5.2.1 正弦波変調 ··139　5.2.2 第3次高調波の有効利用 ··140

しくみ図解
モータが一番わかる
目次

5.3　誘導モータのインバータ運転 ……… 145
5.3.1　E/f＝一定による誘導モータの平行推移特性 ‥ 145
5.3.2　総合的 T/N 特性 ‥ 146

5.4　インバータ利用での注意点 ……… 147
5.4.1　電力回生時の高圧発生 ‥ 147　　5.4.2　実際のインバータと IPM ‥ 148
5.4.3　ノイズ対策 ‥ 150　　5.4.4　軸電流によるベアリングの劣化 ‥ 150
5.4.5　ノイズレスインバータ ‥ 150　　5.4.6　エアコン用インバータの技術変遷 ‥ 151

第6章　SR モータ ……… 153

6.1　古くて新しいモータ ……… 154

6.2　SR モータの原理 ……… 156
6.2.1　銅量を減らしてコンパクトなモータ ‥ 156　　6.2.2　トルク発生の原理 ‥ 157
6.2.3　発電制動作用 ‥ 158

6.3　SR モータの分類 ……… 160
6.3.1　基本的な3相6-4型 ‥ 160　　6.3.2　実用的な12-8型 ‥ 162
6.3.3　2相 SR モータ ‥ 162　　6.3.4　4相モータ ‥ 162　　6.3.5　全節巻 ‥ 166

6.4　巻線と双凸極に関するパラメータ ……… 167
6.4.1　用語とその定義 ‥ 167
6.4.2　ステップ角 ε、ステップ数 s、および分速 N ‥ 168
6.4.3　回転磁界型モータとの関連・相違・比較 ‥ 169

6.5　電流とスイッチングタイミングの制御 ……… 170
6.5.1　電流制限方式 ‥ 170　　6.5.2　誘導タイミングの制御 ‥ 172

6.6　SR モータを2輪車の動力にする ……… 175
6.6.1　プロジェクトの目的 ‥ 175　　6.6.2　研究室の体制 ‥ 176
6.6.4　システム設計 ‥ 178

6.7　総括：加工からシステム設計までの教育 ……… 181

しくみ図解
モータが一番わかる 目次

CONTENTS

第7章 モータ技術の将来 ……… 183

7.1 利用歴─Lifeplan ……… 184
7.1.1 籠型誘導モータ（Induction motor）‥184
7.1.2 直流モータ（DC motor with a commutator）‥185
7.1.3 爪電子を使うモータと発電機（Claw-pole motors and generators）‥185
7.1.4 短かったが意味のあったモータ ‥186

7.2 機電一体化（メカトロニクス） ……… 189
7.2.1 情報機器のメカトロニクスはどこへ行く ‥189
7.2.2 風と流体の制御 ‥190
7.2.3 統合化設計 ‥190　　7.2.4 永久磁石の形状の違い ‥191

7.3 小形高効率の限界 ……… 193
7.3.1 ブラシレスモータの限界挑戦 ‥193
7.3.2 連続運転と間欠運転─エネルギーマネージメント ‥195
7.3.3 巻線の巻数と体格について ‥195

7.4 巻線について ……… 196
7.4.1 巻くという作業について ‥196　　7.4.2 銅損の低減と熱の除去 ‥196
7.4.3 表皮効果の回避策 ‥198　　7.4.4 化学的・物理的な方法への期待 ‥198

7.5 国際的な技術者を目指そう ……… 199
7.5.1 世界への発信は強力な想念を持つことから ‥199
7.5.2 世界最高の大学研究室への影響 ‥202　　7.5.3 中国語の重要性 ‥203

4カ国語対応必修用語集 ……… 206

あとがき ……… 211

索引 ……… 213

第1章

各種ACモータと SRモータ

　最初にモータを動かすための電源として、直流と交流があることから始めます。そして交流モータが、直流モータとどのように違っているのか、どんな利点があるのかを語ります。モータの発電作用の重要性についても見たあとで、分類をして、注目され始めたSRモータ（スイッチリラクタンスモータ）の基本的な特徴についても言及します。

1.1 直流と交流
モータを回す電源

　私どもの身の回りや見えないところで、いろいろのタイプのモータが回っています。モータというと、日常生活の中に溶け込んでいる扇風機のモータや玩具や模型自動車を動かす直流モータを連想します。あるいは、新幹線の動力源であるモータや、これから建設が始まろうとするリニア新幹線のモータもあります。

　モータの中には見えないとことろで、普段はじっと止まっていて、いざというときに動くものもあります。原子力発電所の非常時の冷却装置を動かすはずのモータが、2011年3月11日、津波による電源喪失のために役立たず、あの大きな事故が起きてしまったのです。

　本書でも語るように、モータの種類は大変に多いのですが、あらゆるモータに共通している事柄があります。それがモータを学ぶときの最初の基礎です。

●1.1.1　身近の電源

　まず電源です。電気を使って回転力や動力を得る装置がモータだとします。すると最初に、そのモータに適した電源が必要です。電源としてもっとも身近なのは、図1.1(a)の写真に見るような

(1) 家の中で取り出せる単相交流電源：日本では100V

(2) この交流電源と電源アダプターを使って得られる直流：パソコンの中のモータの電源。

(3) バッテリー（電池）から得られる直流電源。バッテリーには、このほかに自動車の13V電源として使われる鉛電池や電気自動車用のリチウムイオン電池などもある。

このほかの電源としては、

(4) 工場に配線されている3相交流電源

(5) インバータで作られる交流電源

があります。

図1.1　身近な電源と電圧波形

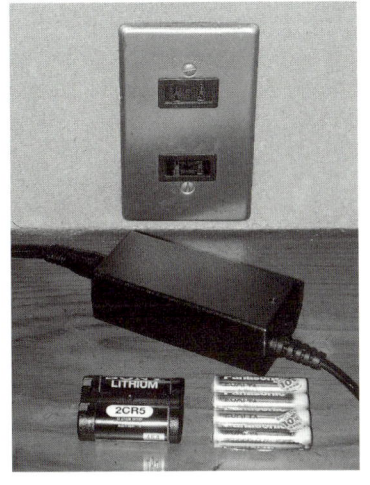

(a) 交流電源（上：100V）と
　　直流電源（下：電池）

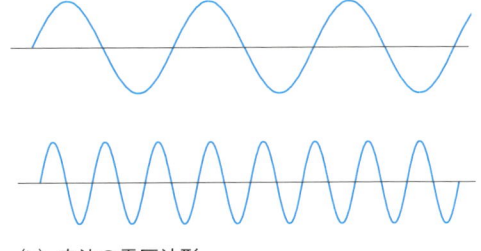

(b) 交流の電圧波形

(c) 直流の波形

　発電所から変電所を経て送電されて来るのが交流の代表格ですが、エンジンと発電機によって近くで（手元で）作られる交流電源もあります。
　単相交流と直流の基本的な違いを図1.1(b)、(c)で簡単に図解しています。本書が主に扱うモータは、交流電源で駆動されるモータです。

●1.1.2　電源によるモータの分類

●直流モータとは？

　直流電源に接続するだけで回るモータが、直流モータとかDC（direct-current）モータと呼ばれるモータ群です。このモータについてはここでも必要上少し取りあげますが、参考書として筆者のものを含めて章末文献を参照していただきたいと思います。

●交流モータの重要性

　交流電源を利用するモータが交流モータです。
　中型・大型のオーソドックスな交流モータは、昔から多くの教科書や参考書によく書かれています。しかしなぜか、小型の交流モータや特殊な交流モ

ータについて書かれた本は少ないようです。

　世界中で年間に発電される電力は2.2×10^{13} kWh（キロワット時）ですが、そのうちの60%がモータに使われています。では世界で使われているモータの数はいくつあるでしょうか？

　仮に、常時1kWを消費するモータが連続運転されているとすると、モータの数は約5000億個です。（考え方⇒　$(2.2 \times 10^{13} / 24) \times 0.6 =$ 約5000億）。平均使用電力はもっと少ないでしょうから、半分として計算すれば、稼働態勢のモータの数は軽く1兆個を超えています。ただし玩具用モータは除きます。その1兆個のうちでどんな種類のモータに電力が使われるのか、いろいろの説がありますが、圧倒的に多いのが、実は交流モータに分類されるモータです。その中には教科書には語られていない特殊モータも多いのです。

● SRモータにも注目

　アメリカでは、水をくみ上げる農業機器に使われるモータが多かったのですが、最近ではSR（スイッチリラクタンス）モータも使われるようになりました。そこで本書ではSRモータにも一つの章を設けてみました。このSRモータの電源は、直流と交流の中間のような特別なものであるとも言えます。

● 電力不足の中でモータについて考えよう

　電力危機とか電力不足という問題が、2010年3月11日の東日本大震災の津波以来、現実になりました。原子力発電の安全神話の崩壊と、一方で火力発電は石油・石炭の燃焼による地球温暖化の元凶とも位置づけられているからです。

　しかしながら、モータのニーズは今後も増えていくことでしょう。こうした中で、電力利用効率が高いモータを開発し、それを上手に使いこなすことが必要です。そのためには、そもそもモータにはどんな種類があるのかを先に知っておいて、本書が問題にするのがどんなモータなのか、その位置づけをしておくのがよさそうです。表1.1はこの意味での分類です。

表1.1　モータの分類

1．単相交流電源を使うモータ 　1-1　交流整流子モータ 　　1-1-1　ユニバーサルモータ 　　1-1-2　反発始動モータ 　1-2　回転磁界型モータ 　　1-2-1　籠型誘導モータ　←（駆動法と始動法によって再分類される。第4.2節参照） 　　1-2-2　渦電流モータ 　　1-2-3　ヒステリシス同期モータ 　　1-2-4　リラクタンス同期モータ 　　1-2-5　超低速同期モータ 　　1-2-6　その他
2．3相交流を使うモータ 　2-1　籠型誘導モータ 　2-2　巻線型誘導モータ
3．インバータを使うモータ 　3-1　3相 Full bridge 籠型誘導モータ 　3-2　ハーフブリッジ・インバータで駆動するスイッチリラクタンスモータ 　（本書で扱うのはここまで）
4．バッテリーを電源とするモータ　←（用途として、玩具、模型、自動車車載、ロボットがあり、これだけでも1冊の本では扱いきれない技術内容がある。（参考資料1-3）） 　4-1　永久磁石型 DC モータ 　4-2　電気自動車・ハイブリッド車駆動モータ
5．整流された直流電源を使うモータ 　5-1　ブラシレスモータ　←（それぞれに1冊の専門書では収まりきれない技術内容がある。） 　5-2　ステッピングモータ 　5-3　サーボモータ 　5-4　動力用直流モータ：直巻、分巻、複巻

　分類には決まった考えがあるわけではない。著者によって、対象読者によっても対象とする技術の目的によっても異なる分類ができる。これはモータの意味が大変に深いことを示す。

1.2 交流のパラメータ

交流の電圧は、正弦波で変化します。家庭に配線されている100ボルトの交流が単相交流の典型です。ここでは、交流を表すパラメータについて解説します。

● 1.2.1 実効値とその意味

交流はプラスマイナスに変化していますから、その電圧の単純な平均値は0です。ピーク値で表す方法もあるのですが、通常**実効値**で表します。実効値を V とすると、時間関数としての交流電圧は次式で表されます。

$$v(t) = \sqrt{2} V \sin(\omega t + \phi) \qquad (1.1)$$

実効値*とは何か？ その意味は図1.2に図で説明していますが、数式では、上の式の2乗の平均値のことです。$\sqrt{2}$ は1.41として表すことが多いです。

(1.1) 式の両辺をそれぞれ2乗すると、

$$v^2 = 2V^2 \sin^2(\omega t + \phi) = V^2 \{1 + \cos(2\omega t + \delta)\} \qquad (1.2)$$

になりますが、右辺の { } の中のcos関数は、時間的に平均するとゼロですから、上の式の平均は V^2 になります。この平方根は V です。

このように実効値とは、2乗平均の平方根 (root mean square) のことですから、rms value ともよばれます。記号として V_{rms} を使うこともあります。これはこれから語る電力を扱うときに都合のよい値です。

図1.2 交流の電圧、周波数 f、角周波数 ω、位相 ϕ

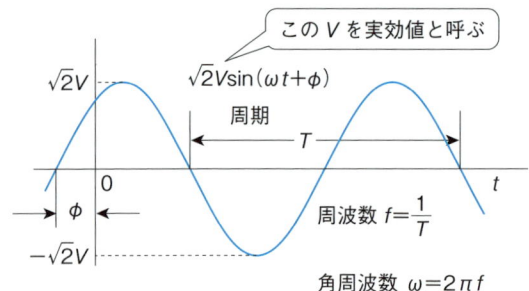

電圧の単位はボルト (volt) で記号はローマン体の V です。イタリック体の V はある電圧を示す記号です。

●1.2.2　周波数f、角周波数ω、位相ϕ

交流では、時間的な変化の頻度を示す周波数fというものがあります。50Hzの交流とか60Hzの交流というのが、これです。これは1秒間当たりのサイクル数（繰り返し回数）で、モータの回転速度に影響する重要なパラメータです。

●電圧と電流、その位相差

電流を流そうとする作用を、「電圧」あるいは「起電力」と呼びます。起電力と電力は異なります。

直流では、電圧と電流の関係は簡単に語ることができるのですが、交流の場合には、「位相」というパラメータが入ってきます。それを示しているのが図1.2です。電圧が正弦波であれば、電流も正弦波であるのが基本です。この基本からずれる場合が多く、交流モータの技術的問題の一つです。まず基本を語ります。

電圧と電流が正弦波で変化した場合でも、それらの位相が同じ（つまり位相差が0）の場合が基本です。しかし多くの場合に、電圧と電流の位相が異なります。交流モータを語るときには、この位相差が一つのテーマです。

●1.2.3　電力と力率

電圧と電流の積が「電力」です。直流の電圧と電流の場合にはこの計算が容易です。しかし交流の場合には少し複雑です。それを図で示すのが図1.3のいくつかの場合です。いずれの場合も、電力は正弦波状に変化する成分をもっていますが、その周波数は2倍になっています。(a)は電圧と電流の位相が一致している場合で、電力波形が負になることはありません。

このときの電力の瞬時値は、次のように計算できます。

まず電流は、電圧の式（1.1）に対応して

$$i(t) = \sqrt{2}I \sin(\omega t + \phi) \qquad (1.3)$$

とします。

＊実効値：時間変化する交流の電圧・電流の大きさを表す。瞬間の値の2乗を1周期にわたり平均し、その値の平方根で表す。最大値の$1/\sqrt{2}$に等しい（約71％）。

電力は、電圧と電流の掛け算した量ですから、

$$w(t) = 2VI\sin^2(\omega t + \phi) = 2VI\frac{1-\sin^2(\omega t + \phi)}{2}$$
$$= VI\{1 - \sin^2(\omega t + \phi)\} \tag{1.4}$$

そして時間的な平均値 W は、

$$W = \langle w(t) \rangle = VI \tag{1.5}$$

になります。〈 〉は時間的平均を表します。つまり、電圧 V と電流 I の実効値どうしの積（掛け算）です。

次に位相差がある場合を図1.3(b)、(c)で見ると、いずれも電力に、瞬時値が負になることがあります。これは電圧の極性と電力の極性が異なる電力は、電源に帰ることを意味します。

普通に電力というのは、時間的な平均値 W であり、それを計算すると次のようになります。

電圧 $v(t) = \sqrt{2}V\sin(\omega t + \phi)$ (1.6)
電流 $i(t) = \sqrt{2}I\sin(\omega t + \delta)$ (1.7)
$w(t) = 2VI\sin(\omega t + \phi)\sin(\omega t + \delta) = VI\{\cos(\phi - \delta) - \cos^2(\omega t + \phi)\}$ (1.8)
$W = \langle w(t) \rangle = VI\cos(\phi - \delta)$ (1.9)

つまり、実効値どうしの単純な掛け算よりも小さな値になります。その係数が $\cos(\phi - \delta)$ であり、これを力率（power factor）*と呼びます。

位相差が90°（$\pi/2$）のとき、力率はゼロであり、電力は0です。その様子は図1.4に示すように、電力が同じ量だけ行ったりきたりするだけです。電線やトランスを経由して電流が流れるのですが、電力の伝達がありません。これは設備の無駄遣いですから、出来るだけ避けなくてはなりません。力率は、できるだけ1に近い状態にすることが望ましいのです。

●1.2.4　入力電力と出力の計測

図1.5(a)、(b)は電圧と電流の計測の方法として、メータの基本的な接続

＊力率：力率＝ $\cos(\phi - \delta)$ で、交流の効率を表す。($\phi - \delta$) は、電圧と電流の位相差。電力は、電圧の実効値×電流の実効値×力率で表される。力率は1に近いほど効率がいい。

図1.3 交流における電圧と電流の間の位相差と電力。電力の瞬時値は電圧と電流のそれぞれの瞬時値をかけあわせたもので周波数が2倍になって変動する

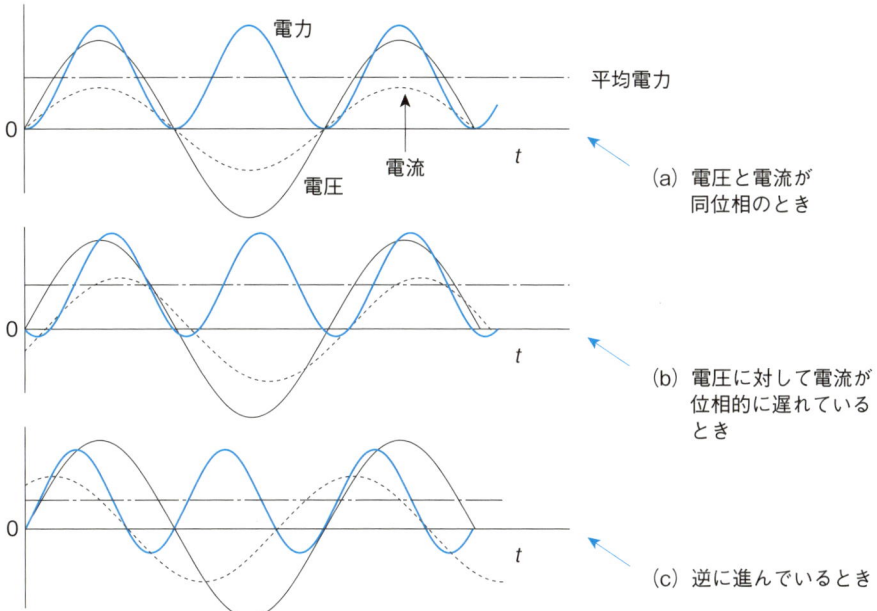

図1.4 電圧 v に対して電流 i が90°進んでいるとき電力 w の時間平均は0になる

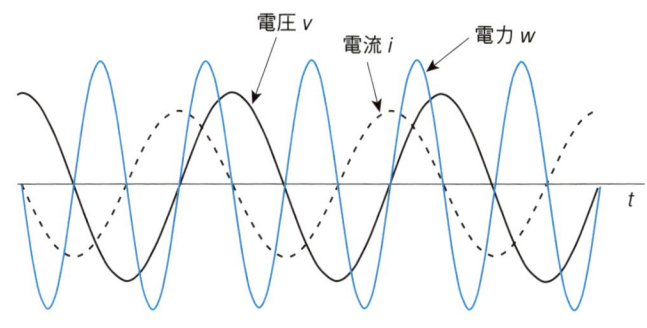

法に2つの方式があることを示しています。電力はこのようにして計測された電圧と電流の積よりは小さくて、その係数が力率であることは今述べたとおりですが、それを自動的に計測するのが電力計です。

電力計には3本の端子があるのですが、内部で電圧計と電流計の接続方式

を(a)にするのか(b)にするのか、選択できるようになっています。

ここに使っている記号を含めて本書で使う記号を章末に表1.3としてあります。

図1.5　電圧計、電流計、電力計の接続と計測

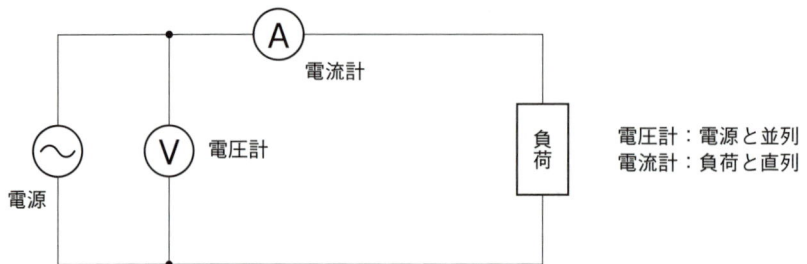

(a) V-A 法：電流計の内部抵抗が負荷のインピーダンスに比べてかなり低い場合

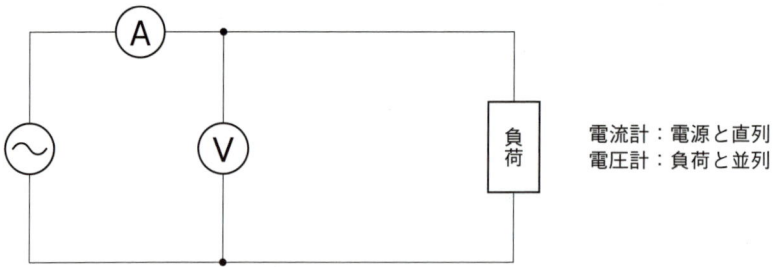

(b) A-V 法：電流計の内部抵抗が負荷のインピーダンスに比べて高いとき

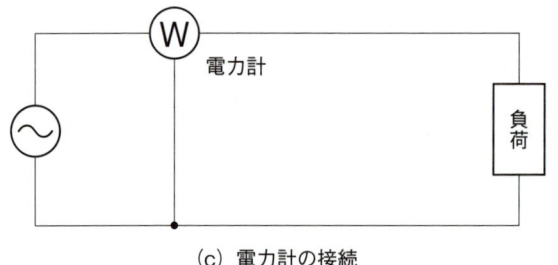

(c) 電力計の接続

電力計の結線図の記号ではたとえばこのようになるが、上の（a）とするか（b）とするかが選択できるようになっている。

● **損失**

モータに入った電力の一部は、内部の電気抵抗でのジュール損と鉄心に磁界を形成することに付随して発生する鉄損などの形で熱になります。その残りが出力であると解釈できます。図1.6はこれを図示するものです。

図1.6 電源からの入力とシャフトからの出力に伴う損失と磁気エネルギーの増減

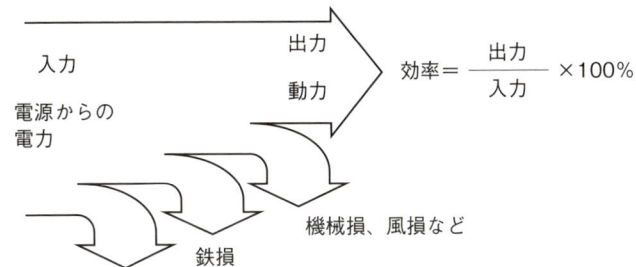

図1.7 出力（動力）の意味

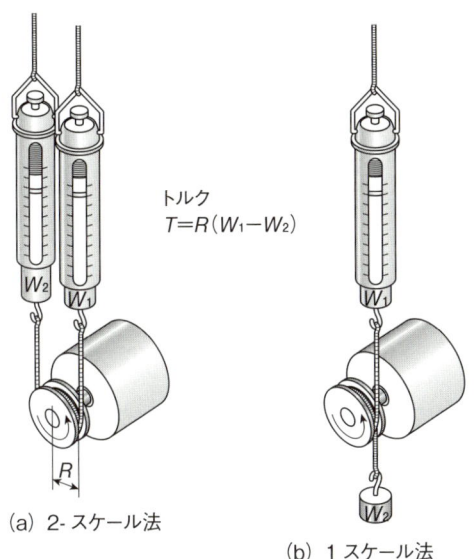

(a) 2-スケール法

(b) 1スケール法

動力(W)＝トルク(Nm)×角速度(rad/s)

● **出力の計測原理**

　出力とは、モータのシャフトから取り出せる動力のことです。図1.7はモータの出力の計測の原理の基本を説明しています。出力とは、トルク（Nm）と回転角速度（rad/s）の積です。速度は回転している物体に光をあてて、その反射光を利用して計測する方法がとられます。たいていは、1分間当たりの数値が表示されるので、それに$2\pi/60 = 0.104$を掛けてrad/sにします。

● **効率**

　効率は　出力／入力×100%です。

　次に、簡単な実験で計測できる程度の事例を示します。

---「計算事例」---

● **直流モータの場合：**

　印加電圧が50Vで電流が1.2Aでした。すると入力電力（消費電力）は60Wです。

そのときの

・回転数＝2000rpm

・プーリ半径＝4cm

・バネ秤の読みは（2スケール法で）　800gと200gでした。

すると計算は以下のようになります。

・トルクは　$(800-200) \times 4 = 2.4$kg重cm $= 2.4 \times 0.0981$Nm $= 0.235$Nm

・角速度＝$2000 \div 60 \times 2\pi = (2000/60) \times 6.283 = 209$rad/s

・出力＝$0.235 \times 209 = 49.1$W

・効率＝$(49.1/60) \times 100 = 81.8\%$

　交流モータの場合には、電力は電力計を使って計測します。

● **実際の方法**

　バネ秤とプーリによる計測は原理的なものであり、実際にも有用ですが、実際的な方法として、測定されるモータ（テストモータ）とその負荷になるブレーキや発電機をカップリングで接続してトルクや回転速度を計測するのが普通のやり方です。その原理には種々あって、決まった方法があるのだと思う必要はありません。たとえば図1.8(a)では、テストモータと負荷モータを同軸に設定できる固定装置を使う方法です。右側の負荷として、ここでは

パラメータがわかっている2極直流モータを使って、左側にはテストモータを設定しているところです。カップリング近くにトルクセンサを設定する方法もあります。図1.8(b)はその構成を示すものです。トルクセンサを組み込んだものです。その原理はロータと負荷軸の間に現れるわずかのねじれをロードセルというもので計測したり、あるいは光学式な方法で計測して、一定の係数を掛けてトルクを計算するものです。

図1.8　モータ特性の計測装置を作る

(a)

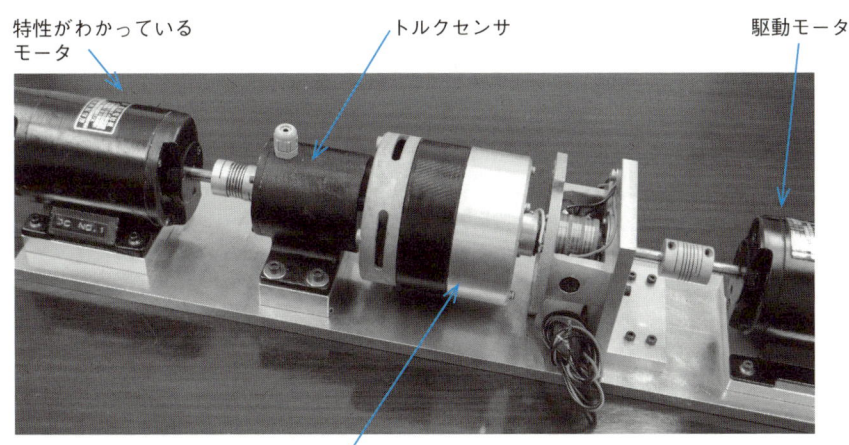

(b) ステータとロータの両方が回転するモータのトルク計測の準備をしている

簡単にできて原理的に明快なのがプーリとバネ秤の方法（図1.7）ですが、これを使うためには図1.9の写真にあるような、板金加工でできる固定台をいくつか持っていると便利です。

図1.9　簡単で便利な便利なアングル（モータを固定する）

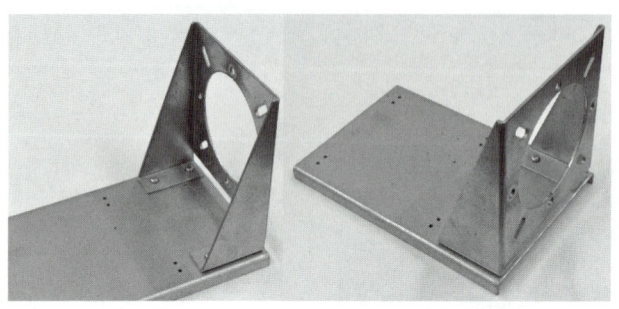

●1.2.5　単相交流と多相交流

交流のもう一つの属性が相数です。図1.10には、単相、2相、3相の意味を示しています。2相以上を多相と呼びますが、理論的にも経済的にも最も重要なのは3相です。ここに示している多相は、各相が同じピーク値をもって、位相差が90°あるいは120°ですが、電圧や位相がこれらの理論値からずれることがあります。これは多くの場合には望ましくないのですが、位相や振幅の変化を積極的に利用することもあります。

図1.10　交流には単相、2相、3相がある

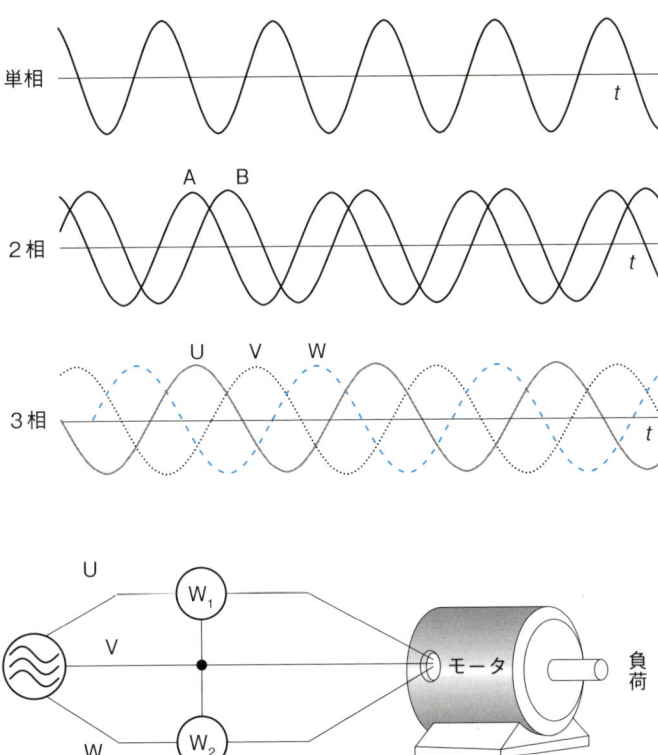

電力計 W_1 と W_2 の読みの和が全入力電力

1.3 モータと発電機の関係

「電気を使うモータは、発電機にもなります。」というと簡単のように思えますが、意味深長です。
①製品の目的としての発電機
②主としてモータとして使いながら、ときどき発電機としても使う
③モータとして利用していながら、瞬時的に発電作用がはたらく
など、考察の対象も決して簡単ではありません。
ここでは基本的で本質的なことを解説します。

●1.3.1 電機子とは何か？

以降の論理のために、どうしても必要な専門用語を解説しておく必要があります。まずモータの構成要素のなかで重要な「電機子」です。右のコラムはドイツ語を含めた用語集の一部で、電機子とは何かを簡潔に定義しています。

このコラム写真（図1.11）は直流モータや交流整流子モータの電機子ですが、同期モータや同期発電機の巻線も電機子であると思ってください。例外についてはその都度コメントします。

大事なことをここで列挙します。
◆電機子を通して、モータと発電機の作用がなされる（図1.12）。
◆直流モータと交流整流子モータでは、電機子が回転する。電機子がロータでもある。これを回転電機子型と呼ぶ。ドイツ語圏では、直流モータのロータを指すときにはRotorよりもAnkerという。英語圏ではarmatureということが多い。この原義は仕組みのようなものである。日本の現場技術者の間ではアマチュアと呼ばれるが、アーマチュアが英語発音に近い。
◆同期モータでは、電機子はステータ（固定子）である。
◆電機子に流れる電流と作用してトルクを発生させる磁界のことを日本語では「界磁」という。
◆誘導モータの分野では、電機子という用語は使わないで「ステータ（固

定子）巻線」という。界磁と巻線電流の作用に関する仕組みが異なるためだろうと考えらえる。

代表的な直流モータ（永久磁石型）と代表的な交流モータ（誘導モータ）の比較を、類似点と相違点と観点から比較しているのが表1.2です。

Column

電機子

図1.11　電機子

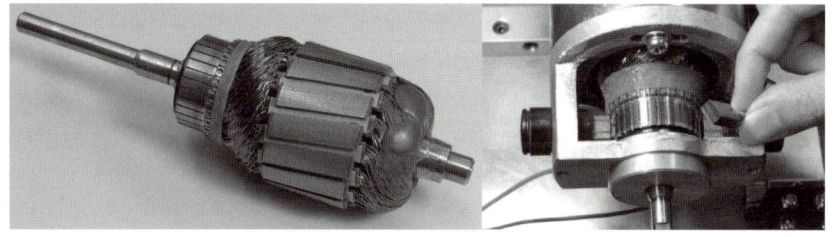

・電樞

電樞是馬達中運載電流並與氣隙磁通產生交互做用而產生轉矩的單元。以左圖為例，包含線圈的轉子就是電樞。電樞線圈上的電流透過右圖中的碳刷與換向片的滑動接觸供應。

・電機子（アーマチュア）

界磁束と作用して回転力を発生するための電流が通る巻線を構成した部分。図のモータではロータが電機子である。ここにコイルが巻かれていて、ブラシと摺動接触している整流子から電流が巻線に注入される。

Armature

The part of the motor which carries the current that interacts with the field flux to create the torque. In the figure the rotor is referred to as the armature since it has coils wound around it. The electric current is supplied to the coils via the sliding contact between the commutator and brushes.

Anker

Der Teil eines Motors, der den mit dem Feldfluss wechselwirkenden Strom trägt, um das Drehmoment zu erzeugen. In der Abbildung ist der Rotor als Anker bezeichnet, da er mit um die Zähne gewickelte Spulen ausgestattet ist. Der elektrische Strom wird zu diese Spulen über den gleitenden Kontakt zwischen dem Kollektor und Bursten gefuhrt.

表1.2 モータと発電機の関係比較

		永久磁石型直流モータ	誘導モータ（交流）
相違点	無負荷速度の決定要因	端子間電圧とモータ固有の逆起電力定数	周波数と極数で決まる同期速度
	無負荷速度の計算式	6.283×電圧÷逆起電力定数	120×周波数÷極数（毎分）
	トルクの大きさ	逆起電力定数 K_E ×電流	$pR_{20}I_2^2/2\pi fs$ ただし p　　極対数 R_{20}/s　二次抵抗 I_2　　二次電流 s　　すべり
	逆転	2端子間電圧の極性切替え	任意の2端子の入替え
共通点	制動機領域	自然の回転方向と逆回り領域	
	電動機領域	ゼロから無負荷速度までの領域	
	発電機領域（回生制動）	無負荷速度より速い速度領域	

●1.3.2　直流モータと直流発電機

　モータと発電機の関係が簡単でわかりやすいのは、永久磁石を用いる小型の直流モータの場合です。これを象徴的に表しているのが図1.12です。モータAがモータBを回してこれを発電機にさせて、豆電球を点灯しています。これはあくまで基本原理です。

　象徴的な直流モータとして、図1.13にコアレスモータを示しています。これは永久磁石による磁界と巻線の電流が作用して $f=BIL$ 則とフレミングの左手の法則で回転方向が定まるモータです。図1.14にはフレミングの左手と右手の法則を描いています。左手がモータに関係して、右手が発電機に関係しているともいえますが、モータの中でこの2つの法則で象徴される物理現象が同時に起きています。

図1.12 永久磁石を使っている直流モータはそのまま発電機になる。実際にはモータと発電機では細部の設計に違いがある

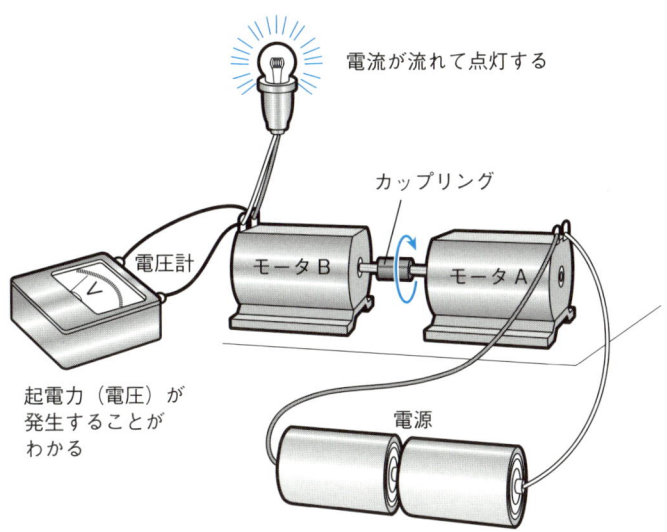

図1.13 もっとも簡単な構造の直流モータ

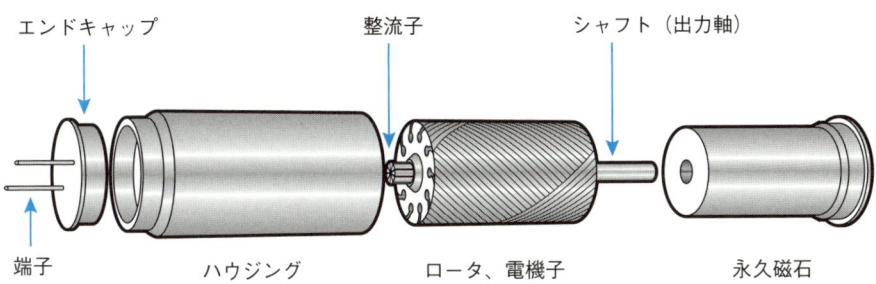

図1.14　フレミングの左手の法則と右手の法則

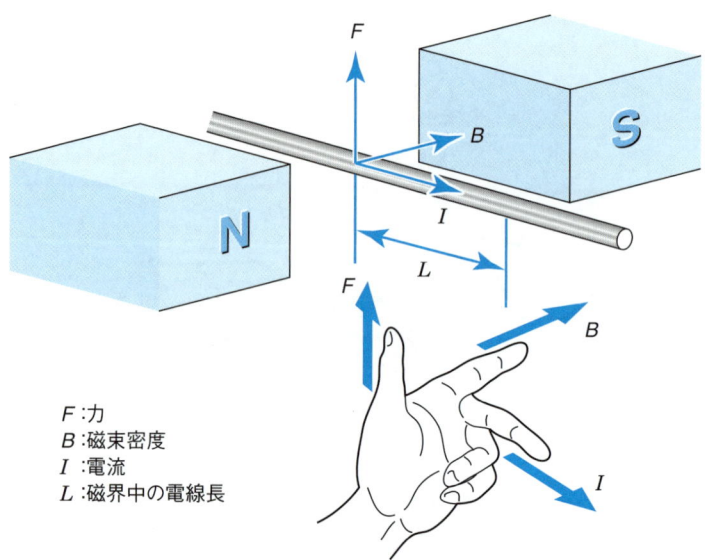

F：力
B：磁束密度
I：電流
L：磁界中の電線長

（a）左手（モータの場合）：磁界を横切るように電流を流すと力が発生

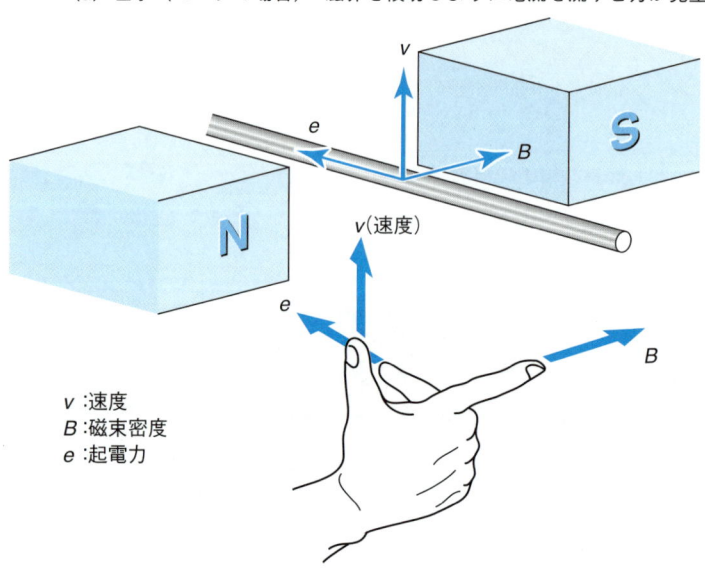

v：速度
B：磁束密度
e：起電力

（b）右手（発電機の場合）：磁界を横切るように電線を動かすと電圧が発生

●1.3.3　回生発電と制動　──　発電機と発電作用の違い

　直流モータを使う発電について深く考えるために、図1.15を参照しながら電気自動車への応用を題材にしてみます。この電気自動車は坂を上って、峠を過ぎて坂を下ろうとしています。ここでは、分かりやすくするために、上りも下りも速度は同じで、たとえば時速40kmとします。モータの回転数は仮に4000rpmとします。

　坂を上るときには、モータはトルクを発生しなくてはなりません。これを正のトルクとします。坂を下りるときには、モータは制動力を発揮してブレーキにならなくではいけません。制動力は負トルクとします。

　このことを直流モータの T/N 特性で見るのが図1.16です。T/N 特性とは、トルク T と回転速度 N の関係で、ここでは電源電圧をパラメータにとっています。永久磁石を使う直流モータの最大の特徴は、T/N 特性が一定の勾配の直線であること、そして無負荷速度が電圧 V に比例することです。

　このモータでは、100V のときに無負荷速度が4000rpm のモータだとします。坂を上るときには120V の特性直線の上の動作点 A でトルクを発生します。下り坂に入ると、印加電圧を80V に下げて、負トルク状態の動作点 B で運転します。簡単のためにB点の負荷トルクはほぼ動力によるものとします。このときモータが発生する逆起電力は100V であり、20V の電圧差によってモータから電源側に電流が流れます。これを電流が帰還していると考えます。電源の正端子から電流が流れ出るのではなく、正端子に流れ込むので電源は充電されます。つまり、ポテンシャルエネルギーが電気エネルギーに変換されているのです。このような使い方を回生制動あるいは発電制動と呼

図1.15　電気自動車が坂を登（上）って降（下）る

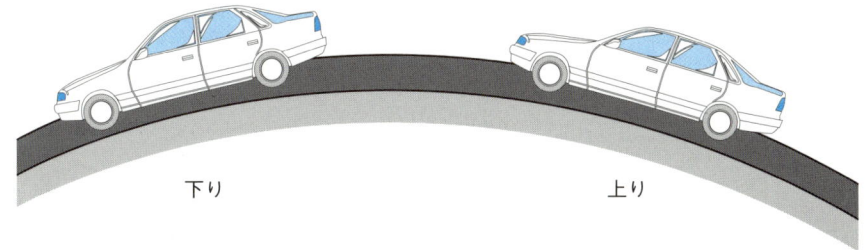

図1.16　直流モータの T/N 特性

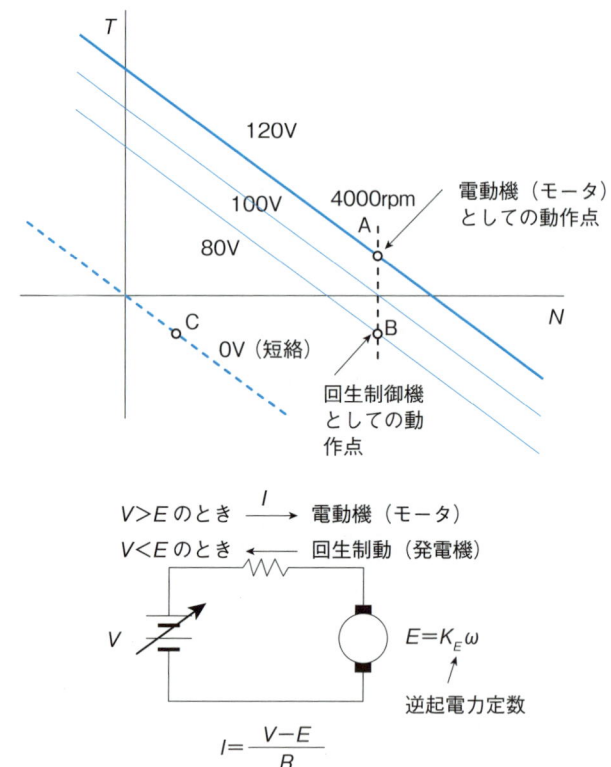

びます。

　発電（回生）制動の使い方で重要なのは、モータに印加する電圧の極性は変えないで電圧を下げることです。それによって、実速度よりも無負荷速度を下げると発電モードになります。

　ただし、ここでは本質的なことを語るために、さまざまの実際的な詳細は割愛しています。電気自動車の開発では、乾いたタオルを絞って水を取り出すように電力を回生しようと、エンジニアは必死の努力をしています。

● 短絡制動

　ここで図1.16の上で原点を通る T/N 直線をみます。この上で重力と釣合うのが C 点です。原点を通る特性はモータの印加電圧が 0 の状態です。こ

れは2つの端子を短絡した状態であり、このような制動法を短絡制動と呼びます。この方法では荷物のポテンシャルエネルギーはすべてモータの内部で熱になります。

● **制動機モードに注意**

モータをブレーキとして使う方法には、電圧の極性を反転してモータが回ろうとする回転方向を逆にする方法があります。このモードは制動機モードと呼ばれるのですが、望ましい使い方とは言えません。坂を下ることによって、電源からの電力もポテンシャル・エネルギーもモータの中で熱になって加熱するからです。

● **1.3.4　交流モータと交流発電機**

次は交流モータです。ここで禁物なのは直流モータの知識をもって交流モータを理解しようとすることです。直流モータではこうだったから、交流モータでも、だいたい同じでこうだろうと考えてはいけません。

まず交流モータにもいろいろなタイプがあって、それぞれの事情が異なります。それに交流モータならでは利点もあります。

(1) 誘導モータ（永久磁石を使わない代表的なモータ）

最初に誘導モータの場合です。このモータは単独では発電機にはなりません。しかし、電源系統に接続されていれば、直流モータに似て回生制動ができます。これを図1.17を使って見てみましょう。

これはホイスト（whist, 巻上機）の動力として直流モータを想定した場合と、3相誘導モータを使う実際の場合の対比です。

まず物を吊り上げるとき、直流モータを使う(a)では、これをモータ（電動機）として吊り上げることになんら問題はないと思います。

では重い荷物を吊下げるときにはどうでしょうか？　先の電気自動車が坂を登って降りるときにはモータの回転方向は変わらず同じですが、ホイストでは吊下げるときは回転方向が逆です。

①ここで、図1.18で説明しているように横軸の原点の左側でおなじ重力になる動作点を探すとB点になる。

②そしてこの点をとおる T/N 直線を与える電圧は逆極性（$-V_2$）である

図1.17　電動機モードと発電機モードの利用によるホイストの原理

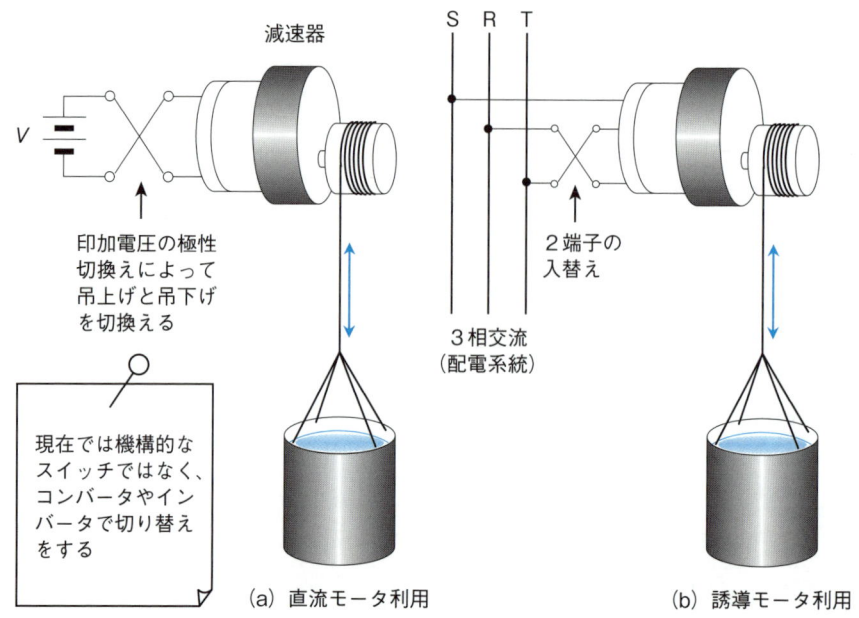

(a) 直流モータ利用　　　(b) 誘導モータ利用

ことが読み取れる。

③この動作点Bの回転速度（絶対値）は無負荷速度より速い。

つまり、結論としてこれは発電制動動作です。これを実現するには図1.17(a)のスイッチの入れ替えをすればよいわけです。

図1.17(b)は3相誘導モータを使うホイストです。モータとして荷物を引き上げたあとに（移動して）引き下げるときには相順の切り替え（2端子の入替え）をすればよいのです。するとこの誘導モータは発電機として作用して電源に電力を帰還させます。

誘導モータの3モード（制動、電動、発電）を、直流モータと対比しながら、一方向だけについて説明するのが図1.19です。まず(a)は直流（モータ）の場合です。それに対応して誘導モータの場合には(b)のようになります。ただし周波数は50Hzあるいは60Hzに固定されている場合です。直流モータと違うのは、印加電圧を変えても無負荷速度は変わらないことです。(c)は周波数を変えることによって電動機動作から回生制動領域に移行できることを示します。50/60Hzの商用電源の利用では、同期速度の調整による動作モ

図1.18　動力負荷の場合の回生発電（直流モータ）

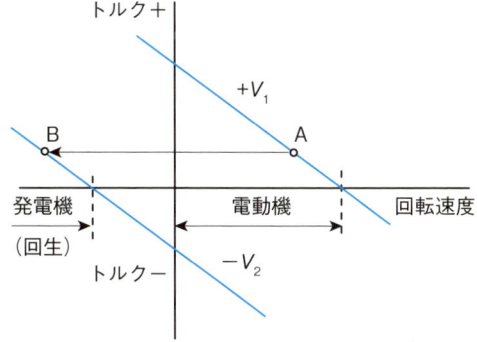

図1.19　モータの3つの動作モード（制動、電動、発電）

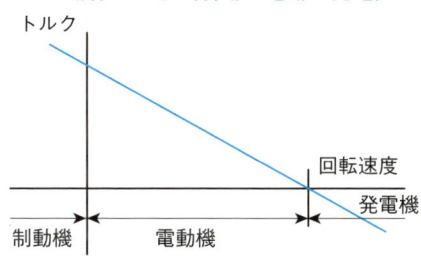

（a）直流モータの場合

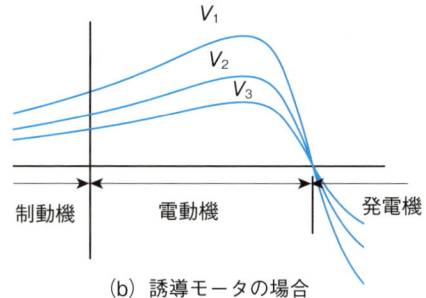

（b）誘導モータの場合

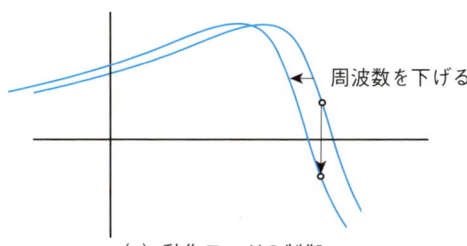

（c）動作モードの制御

ードの調整はできませんが、可変電圧・可変周波数インバータを利用すると動作モードの調整の自由度が上がります。

　ですから、先の図1.15で示した電気自動車用動力として誘導モータを使う場合、坂を下りるときには周波数を下げて同期速度を実速度より下げれば、負トルク（制動トルク）発生状態になって電力は電源に帰還できます。

　ここで永久磁石型直流モータと誘導モータの違いが見えてきます。誘導モータは単独では発電機にはなりませんが、電源系統があれば回生発電機として運転することができます。

(2) 永久磁石を使う同期モータ

　このモータについても、しっかり説明しようとするとそれなりの紙数が必要です。仮に商用電源で駆動するものとすると、回転速度はいつも同じであり、正転か逆転です。実際にはモータ軸の回転角を検出して、その情報によって適正な位相と周波数と電圧をモータに供給する仕組みを作って駆動します。それがブラシレスDCモータです。そうすると、その性質は理論的には、図1.16に示す基本的な直流モータの場合に近くなります。実際問題として発電された電力をどのような電気・電子回路で戻すのかによって、発電機モードの様子というか特性が変わります。これは電気自動車の駆動系の設計では重要な技術です。参考資料[5]はいくらか有益かもしれません。

1.4 交流モータと分類

以上、本質的なことを見たので、次は交流モータの基本的な大分類です。回転する部分をロータ（回転子、rotor）と呼ぶのですが、ロータが整流子というメカニズムをもつ形式と持たない形式に分かれます。

整流子とは、電源からリード線を経てブラシと呼ばれる（最小限2個）を通してロータの巻線（電機子巻線）に電流を供給する装置です。

●1.4.1 ユニバーサルモータ

交流整流子モータといえばほとんどが、このユニバーサルモータです。

図1.20(a)の写真はユニバーサルモータの典型的な外観と、(b)は類似品を分解したものです。ユニバーサル（universal）とは交直両用という意味です。直流でも回るのですが、実際問題としては100Vあるいは200Vの交流を電源とし、それを前提として設計されるので、正式には交流直巻モータと呼びます。

ステータの鉄心と（界磁用）巻線は一見すると電磁石型直流モータと似ているのですが、決定的な違いがあります。図1.20(c)は直流モータ用の鉄心です。N、S極を形成してロータとギャップを挟んで対向するポールシュー（pole shoe）部分には、成層鋼板を使い、ヨーク（N極からS極に磁束を通す部品あるいは構成部分）は通常の炭素鋼（軟鋼）を使っています。ユニバーサルモータでは、交番磁界によって発生する渦電流を阻止するために、ヨークにも成層鋼板を使います。

ユニバーサルモータの大きな用途が電動工具、電気掃除機やマッサージ機など、小型で、低速時には強力なトルクを発生して、高速運転が要求される用途です。

図1.21はユニバーサルの巻線と電機子の結線と T/N 特性を示しています。

交流整流子モータのもう一つは、誘導モータの原理と組み合わせたものがあります、それについては第3章のはじめに特殊モータの一つとして取りあげます。

図1.20　ユニバーサルモータ

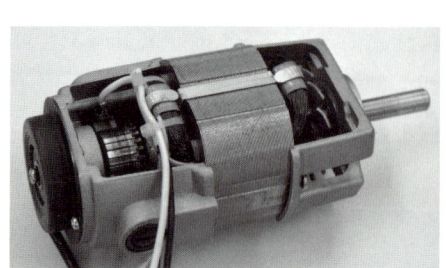

(a) 外観

(b) 分解したもの
- 成層鋼板
- ブラシ保持器
- ステータ鉄心と巻線
- ロータ（電機子）

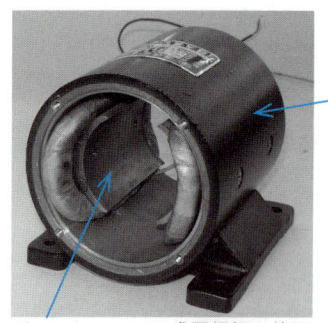

(c) 似ているが使用材料が異なる直流モータ用ステータ
- ヨークには通常の軟鋼（炭素鋼）を使う
- ポールシューには成層鋼板を使用

(d) 整流子：ブラシとの接触によって給電される電流を電機子巻線にふり分ける

図1.21 直巻モータの結線と *T/N* 特性

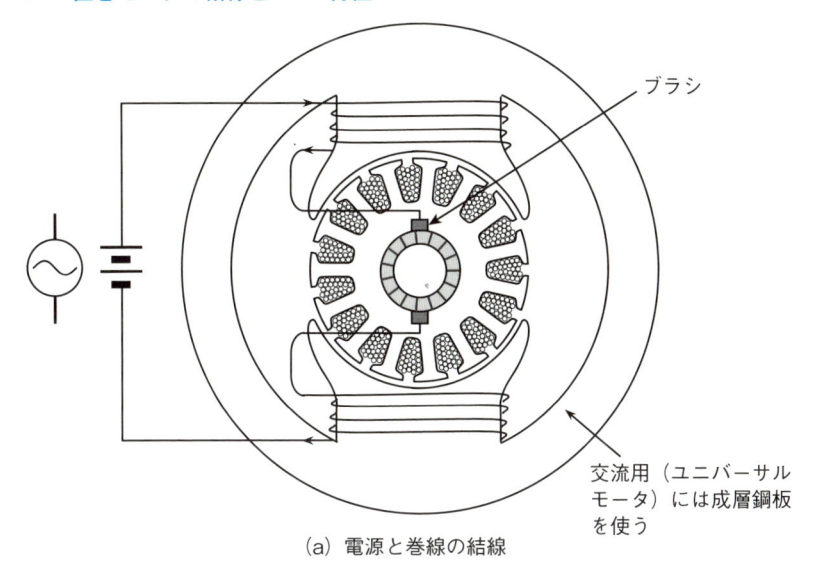

交流用（ユニバーサルモータ）には成層鋼板を使う

ブラシ

(a) 電源と巻線の結線

直流直巻モータでは、電流制限が無ければ大きな起動トルクが得られる。

電流制限によってトルクの上限が定まる

トルク *T*

基底速度　　　　回転速度 *N*

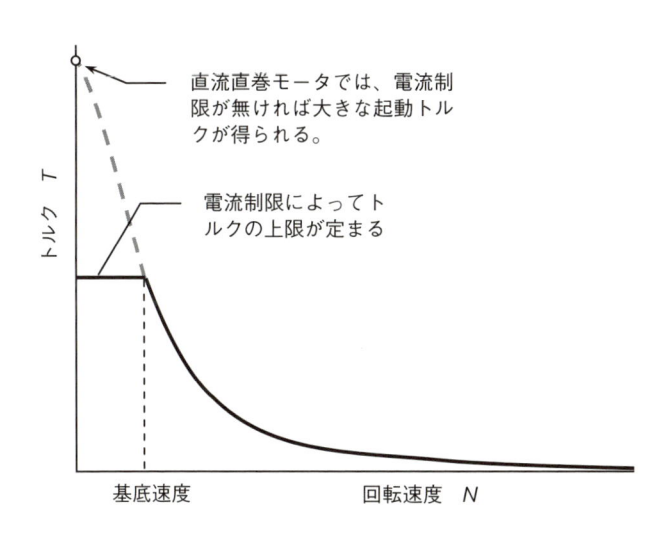

(b) 直巻モータの *T/N* 特性

●1.4.2　2相交流による回転磁界の発生

　磁界あるいは磁場ともいうのですが、これは鉄などの強磁性体を引き付けるだけでなく、銅やアルミニウムなど電流を通しやすい物体も、磁界が動くとそれに引きずられます。そこで、動く磁界を作ることによってモータがで

図1.22　テスラが思いついた2相交流による回転磁界の原理。この磁界の中に導体を入れると磁界の回転にひきずられて回転する。作りやすくて効率よく回るのが図2.5の写真に示す構造の籠型ロータ（squirrel cage rotor）である

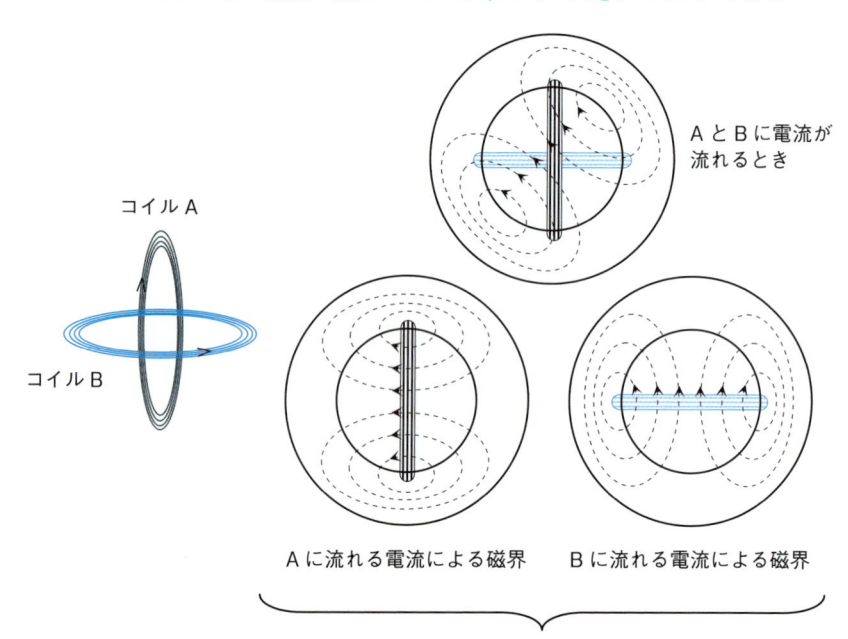

コイル A
コイル B

AとBに電流が流れるとき

Aに流れる電流による磁界　　Bに流れる電流による磁界

Bの電流がAよりも90度位相が遅れた交流のときには合成された磁界が下のように回転する。

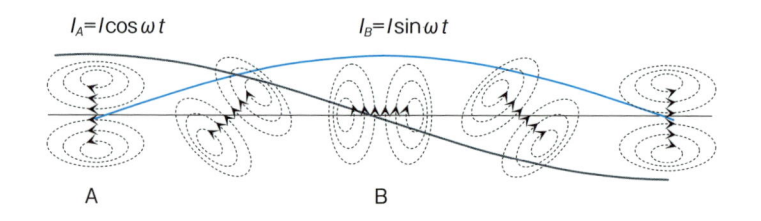

$I_A = I\cos\omega t$　　$I_B = I\sin\omega t$

A　　B

きると考えた人がいました。

　永久磁石を動かせば、磁界も動くわけですが、それでは面白くありません。物体を動かすことなく磁界だけを動かしたい。広い空間を使うのではなく、限られた局所に回転運動する磁界を発生させたいという願いがありました。今から説明するように、わかってしまえばコロンブスの卵のようなものですが、世界で最初に考えた人は大変な苦悩をしました。

　その一人がユーゴスラビア生まれのテスラ（Nicola Tesla）です。1881年のある日、テスラがブダペストのドナウ川のほとりの夕日が西に沈もうとするときにひらめいた発想を、いま流に説明しているのが図1.22です。

　直交する配置に、2個のコイルにcosとsinで変化する交流電流を流すと、内部コイルの周辺には磁界が発生して回転します。それは、磁界はベクトル合成されるという基本的な性質をまさに応用するという発想です。イタリアのガリレオフェラリス（Galileo Ferraris）も同じ頃に同じ発明をしました。

● 2相から3相へ

　次章で見るように、ドイツで仕事をし始めたロシア人技術者ドブロボルスキー（Dobrovolsky）が2相よりも3相にすると大変に都合がよいことを発見したのはその直後です。おそらく彼らの最初の発想は、2極の磁界を想定したのでしょうが、4極や6極の磁界でもよいことがわかるのに大した年月を必要としなかったはずです。回転磁界型モータの鉄心の構造は図1.23です。

図1.23　誘導モータ用24スロット（主として2相および3相4極巻線用）

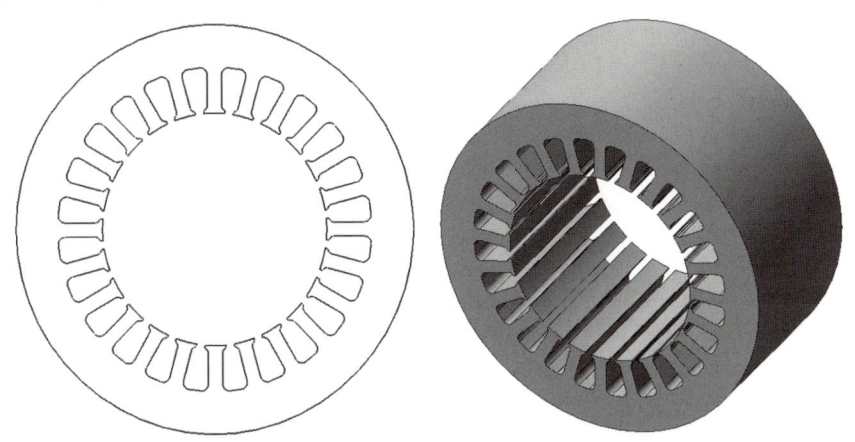

●1.4.3　同期モータと非同期モータ

　磁界の回転速度は、交流の周波数に比例します。テスラがアメリカにわたって、その知恵によってウェスチングハウス（Westinghouse）が敷設したのは133Hzの交流でした。２極モータの回転速度は１秒あたり133回転で、１分間ではほぼ8000回転です。これは当時としては速すぎました。紆余曲折はあったのですが、モータの速度を落とすために今日の60Hzになりました。
　ここでのポイントを挙げてみます。
- 回転磁界の速度を、同期速度とよびます。第2.3節で詳しく語ります。
- 同期速度で回転するモータを、同期モータ（synchronous motor）と呼びます。
- それよりも遅い速度で回転するのが、非同期モータ（asynchronous motor）です。
- 非同期モータは、別名誘導モータ（induction motor）です。

　同期モータにも非同期モータにもさまざまの種類があるのですが、基本的にはロータの断面構造と、使用する素材の磁気特性の特徴によって分類できます。次章以降にイラストや写真をみながら知識を増やしていきましょう。

●1.4.4　永久磁石を使うか使わないか

　モータの分類を論じるときに、もう一つ重要なのが、永久磁石を使うか使わないかの問題です。非同期モータは、トルク発生のためには永久磁石を使いません。同期モータには、永久磁石を使う方式と使わない方式があります。

●1.4.5　SRモータとはどんなモータか

　SRモータは、英語でswitched reluctance motorと記します。漢字を使った日本語名称がまだありません。とりあえずカタカナ表記がされるのですが、日本電気学会ではスイッチトリラクタンスモータと表記することにしているようですが、スイッチとリラクタンスモータと言っているみたいです。英語ではこのような -ed は、ほとんど発音しないか軽い促音便のようなものですから、スイッチリラクタンスモータでもよさそうです。本書ではSRモータと記すことにします。これは直流モータをDC motor（direct-current

図1.24　小型の籠型誘導モータ（上）とSRモータ（下）；これらは永久磁石も整流子も使わないモータの代表的なもの。この誘導モータのロータにはアルミニウムダイカストを使っている。誘導モータは幅広い利用実績があるのに対してSRモータはこれからのモータ

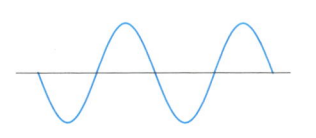

正弦波電流

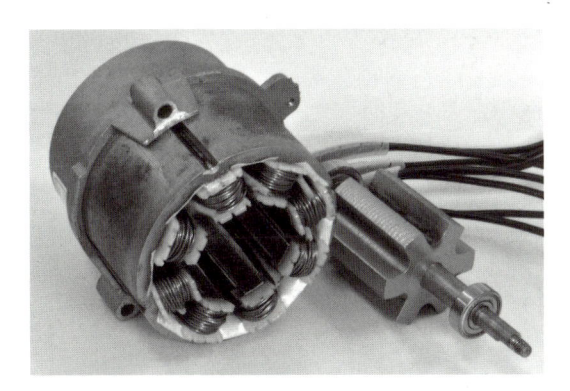

一方向パルス状電流

		誘導モータ	SRモータ
ステータ	歯	細かな歯とスロット	大きな凸極で
	開口	小	大
	巻線	分布巻	集中巻
ロータ		スロットの多い鉄心	大きな凸極
電流路		スロットに栗鼠籠状の導体！	巻線や電流路がない
駆動法		50/60Hz商用電源	ハーフブリッジインバータ

motorの短縮）を記し，交流モータをAC motor（alternating-current motorの短縮）と記すことに通じます。

　ではSRモータはACモータとどう違うのか？　図1.24の写真が答えます。ACモータの代表格である籠型誘導モータと比べています。構造上の違いは実際に見ることでかなり分かるのですが，巻線に流れる電流の違いに注意してください。誘導モータでは電流は交流ですが，SRモータでは交流でもないし，直流でもありません。極性が変わらないパルス状の電流です。

　SRモータの開発の歴史は1960年代に始まったのですが，その目的は，ブラシを使わないで直巻モータの特性（図1.21に示した）を具備するモータの開発であったことがわかります。明らかに電気自動車用のモータを目指したものです。1969年に世界最初の電気自動車のコンファレンスがアリゾナ州のフェニックスで開かれたときに，アイルランドのByrneとLacyは，極性反転をする交流でもなく，単純な直流でもない電流の利用によって広い速度範囲で有効なトルクを出すモータとして，SRモータの大きな意味を指摘していました。

　このモータがようやく普及し始めようとしているのですが，なぜ今なのでしょうか？　大きな理由として次の2つがあります：

　(1) これが省資源時代のモータであるとする認識が進んだ。

　(2) SRモータの原理と運転法は一見単純であるが，原理の奥が深く，その性能をじゅうぶんに引き出すには高度な電子制御が必要である。

　この詳しい内容については，参考資料4の専門書によっていただくことにして，本書では第6章をSRモータ入門にあてています。

1.5 巻線の妙

本章の最後に巻線について記したいと思います。

整流子型モータと回転磁界型モータは、モータを学術として語るときの2つの主流であることに間違いはありません。そして、その巻線を詳しく語ろうとすると、300ページ以上の紙数が欲しいのですがここでは最小限にとどめます。

● 1.5.1　重ね巻

巻き方の中で大くくりにいうと分布巻に分類される巻き方が学術的には主流だと思います。ここで分布巻とはどんなものかを描いているのが図1.25(a)のようなものが一例で、重ね巻と呼ばれるものです。図(b)はもっとも簡単な重ね巻ですが、分布巻に分類できるかどうか微妙なものです。これは全節集中巻というのが正しいかもしれません。

図1.25　重ね巻

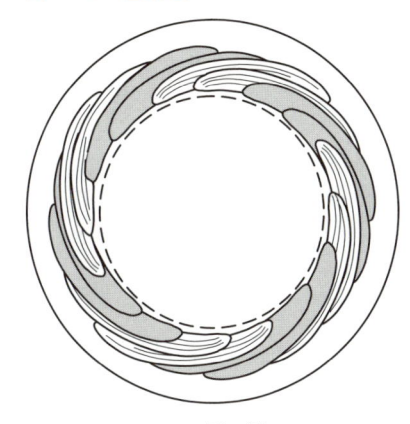

(a) 重ね巻

(b) 競技用模型飛行機駆動のため、最高のパワー／ウェイト比を得た12スロット4極重ね巻（直径38 mm）

●1.5.2 集中巻

図1.26(a)が、普通の意味の集中巻の典型です。これは正式な巻線の変形あるいはコストダウンのための方式ともいえるのですが、保磁力の高い永久磁石を使うブラシレスモータではこれが主流になったと思います。(b)はアウターロータ型で、極数が多い集中巻の事例です。

永久磁石を使わない方式でブラシレスDCモータとして利用する産業・家電用モータの一つが第6章のテーマであるSRモータです。

●1.5.3 リング状コイル

量産個数で多いのが、もっとも簡単な巻線であるリング状のコイルを使うクローポールモータです。不思議なのは、量産される方式のモータに関する学術書や専門書が意外に少ないことです。

本書はそういうことを念頭におきながら、how toだけでなく、今後は何をすればよいのか（what to）のための思考力を育成することに寄与したいと思い、各章で提示する素材についてはあれこれと考えました。

図1.26　集中巻

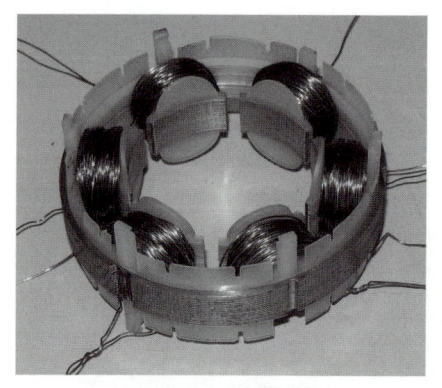

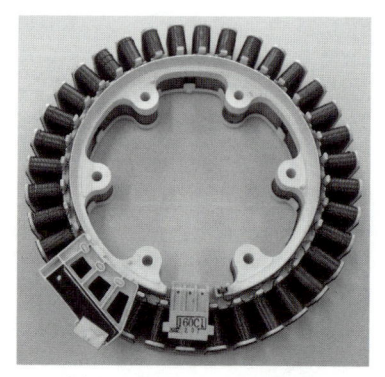

(a) 6スロット集中巻　　　(b) アウターロータ型集中巻

表1.3 回路要素の記号

		記　　号	意味・機能・摘要
導　　　　線			電気の通り道。電気を通しやすい銅を主に用いる
結　　　　線			電流路が接続されていることを示す
抵　　　　抗			電流量の調整、発熱の働き、または物質によっては発光の働きをする
コンデンサ			電気を消費せずに蓄えることができる。電流の位相を進める
インダクタンス		3山	磁気エネルギーを蓄える。電流の位相を遅らせる
巻線コイル		4山	磁界、力、電流を発生させる。モータに使用されることで、主に電気→動力の働きをする
電　源	直　流		内部インピーダンス0の直流電源
	単相交流		内部インピーダンス0の交流電源
	三相交流		内部インピーダンス0の三相電源
スイッチ			回路のON・OFF
メータ	電圧計	Ⓥ	2点間の電圧を計測
	電流計	Ⓐ	その線（電流路）に流れている電流を計測
	電力計	Ⓦ	線間に供給されている電力を計測
電子素子	IGBT	C　　E　　G	Gate（ゲート）に正電圧がかかるとCollector（コレクタ）からEmitler（エミッタ）への電流路がONする
	ダイオード	A　　C	Anode（アノード）からCathode（カソード）へ向う電流を通し、逆流を阻止する

図1.27　クローポール型モータ用リング巻

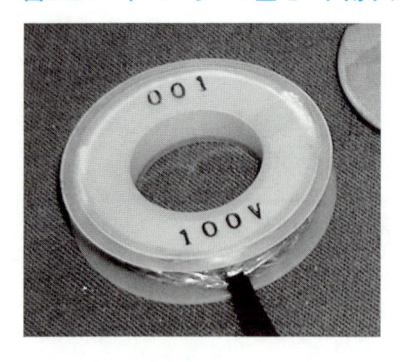

後の図3.14および（発電機として使う事例として）図7.3と7.4参照

◎第1章の参考資料
[1]見城：使いこなすDCモータ、日刊工業新聞社、2007年
[2]見城・永守：メカトロニクスのためのDCサーボモータ（絶版）、総合電子出版社、1985年
[3]見城・佐渡友・木村：イラスト図解最新小型モータのすべてがわかる、技術評論社、2006年
[4]見城：SRモータ、日刊工業新聞社、2012年
[5]見城・永守：新・ブラシレスモータ（絶版）、総合電子出版社、2002年

第2章

3相籠型誘導モータ

　2相交流による回転磁界の原理が世界中に知れわたると、それを根本から改良するために3相交流の発想にいたったロシア人技術者 Dobrovolsky（ドブロヴォルスキー）がドイツに現れるのに、大した年数がかかりませんでした（図2.1参照）。

　彼はドイツのダルムシュタット工科大学を卒業して1887年に AEG (Algemeine Elektrische Geselschaft) の技術者になりました。その翌年には、相数を3相に増やすことによって効率の高い送電やモータができることに気づきました。1891年、おりしもアメリカではナイアガラで2相送電の実験がされているときに、ヨーロッパでは3相送電のメリットが確かめられました。

　本章では、3相交流のメリットと3相巻線をもつ誘導モータに焦点をあてます。

2.1 ３相送配電系統

　発電所から、送配電網を経て供給される交流の電源には、３相交流と単相交流があります。発電所から変電所と送電線を通り、柱上トランスを経て工場やビルに届く交流は３相交流です。

　工場やビルに配電されるときには、日本では200Vに下げられていますが、大きな工場のモータ中には数千ボルトの３相交流に接続されるものがあります。日本では送配電網の周波数は50Hz あるいは60Hz です。

　電圧と周波数は表2.1に示したように国や地域によって異なっています。日本で使われている単相３線式と中国で使われている３相４線式については、図2.2を参照してください。

表2.1　各国各地域の交流網の周波数と電圧

	周波数（Hz）	電圧	
		工場用	家庭用
日本	50/60	200	３線：100/200
中国	50	３相４線：220/380	220
台湾	60	220	110/220
韓国	60		110/220
米国	60	200	120 単相3線：120/240
英国、ドイツ、フランス	50	400	230

　３相４線式は日本でも使われています。送配電の詳細にはかなりの紙数が必要ですので、確認のためには専門書などで調べる必要があります。

　工場動力に使われる誘導モータには、端子が３本あります。この３本を配電されている３相交流電源に接続するとモータは回転します。どちらの向きに回転するか、それはどのモータ端子をどの電源端子に接続するかで決まるのですが、基本的には、JIS では次のように接続したときに、正転（図2.3

（b）参照）と定めています。

　配電盤のR端子（第1相；赤、red）をモータのU端子へ
　　　　　S端子（第2相；白、white）　　　V端子へ
　　　　　T端子（第3相；青、blue）　　　　W端子へ

図2.1　2相交流モータを発明したニコラ・テスラ（Nikola Tesla）と3相交流を考案したドリボ・ドブロボルスキー（Dolivo Dobrovolsky）

ニコラ・テスラ 　　　　　　　　　ドリボ・ドブロボルスキー

図2.2　単相3線式と3相4線式配電

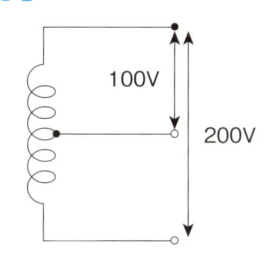

単相3線式

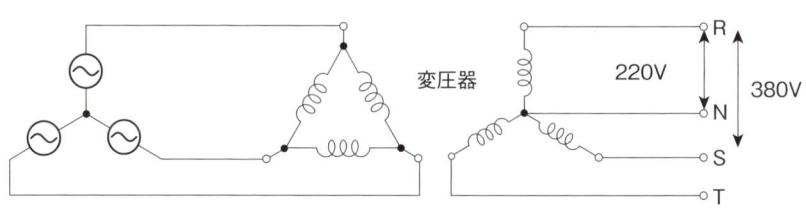

3相4線式

この結線のどれか2個を入れ替えれば逆転ですが、RとT端子の接続を入れ替えかえるのが基本です。

● **2.1.1　2相に対して3相のメリット**

ここで2相に比べてなぜ3相が優れるのか、現在のわかりやすい説明をしてみます。まず、図2.3は、2相交流の送電と3相の送電の違いを説明しています。2相では電線が4本必要です。しかし、それぞれの相の一方の電線を共通にすることができそうです。すると電線の本数は3になります。ここで3本に名前を付けてA、B、Cとします。Cは共通（common）です。ここでAとBの間の位相差をみると90°です。

それに代わって、発電機の中に空間的に120°ずつずれた3組の巻線を配置して図2.3(b)のようにします。そして端子にはR、S、Tの記号を付けます。すると、R-S間、S-T間、T-R間の電圧の位相差はすべて120°（$2/3\pi$）です。これが3相交流です。方式としては3相3線式です。

● **2.1.2　時間的3相と空間的3相**

第1章でも述べたように、モータとは電力を動力に変換する装置です。ここで少し深い考察をしてみましょう。交流は、時間的に変化する電圧と電流の一つの形態です。電力を送るというのは、発電所からユーザまでの空間的な形態に関する事柄です。3相3線式が経済的に有利だというのは長い送電線が節約できるという意味で、空間的なメリットがあることです。

モータの内部の構造は局所の空間的な事柄です。この部分でも3相交流にはメリットがあります。3相交流とは時間的に位相が120°ずつずれた交流だと定義することがあります。モータの巻線は空間的に120°ずつずれた位置に配置した（複数の）コイルから形成される3組の巻線のことです。

つまり時間的な3相と空間的な3相があって密接に関係しています。そこで3相というときに、時間的なことを指しているのか空間的なことなのか明確にすることも大切です。慣れてくると関係者同士では自然に判断できるようにはなります。

図2.4は2相巻線と3相巻線の違いを説明しているのですが、これが典型的な空間の問題です。ここではステータのスロット数は12です。スロットと

はコイルを設置する溝のことです。

図2.3　2相と3相の比較

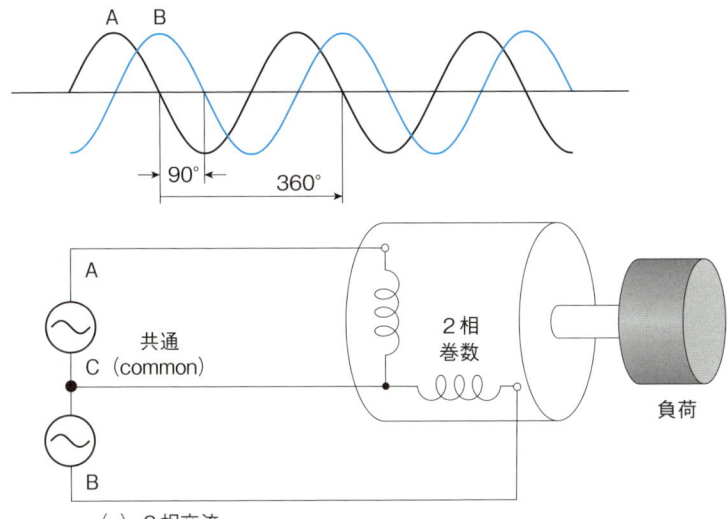

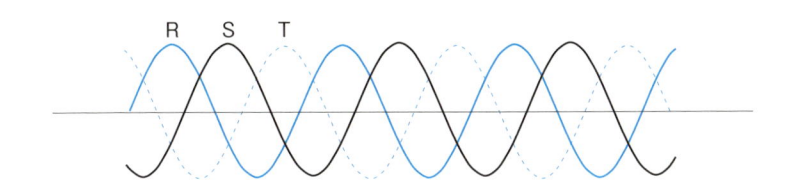

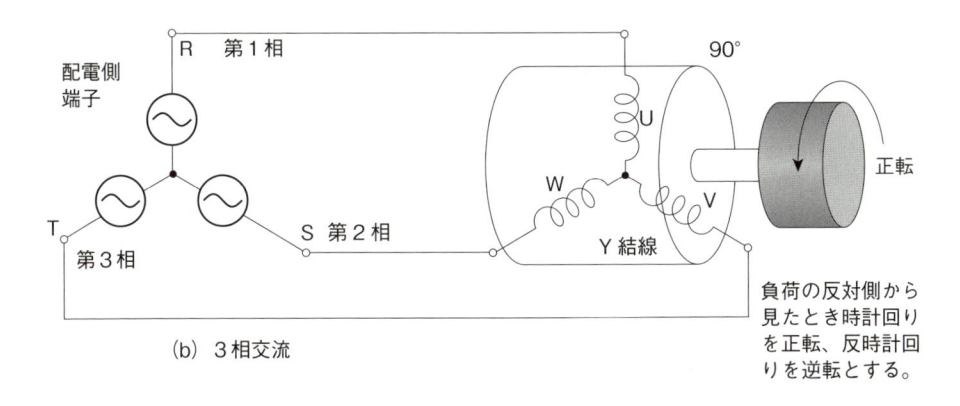

(a) 2相交流

(b) 3相交流

負荷の反対側から見たとき時計回りを正転、反時計回りを逆転とする。

2.2 巻線に関するパラメータ

ここで巻線に関するパラメータと専門用語を説明します。

●2.2.1　毎極毎相のスロット数

まず毎極毎相のスロット数 q のことを引用します。それは
　　　$q=$ 全スロット数 ÷ 相数 ÷ 極数
です。

今は基本的な2極巻線を見ていますから
　　2相では　$q=12÷2÷2=3$
　　3相では　$q=12÷3÷2=2$
です。

●2.2.2　同心巻と重ね巻

誘導モータは特別の場合を除いて分布巻を使います。分布巻には同心巻と重ね巻があります。

図2.4(a)と(c)は、同心巻の2相結線の典型です。3個のコイルを直列接続して1極（たとえばN極）を構成して、180°対向の位置にある3つのコイルがS極を形成するように結線します。

- 各スロットには2個のコイルの片側（これをコイル辺という）が収納される。
- できる磁束分布ができるだけ正弦波になるためには、3個のコイルのうち中間のコイルの巻数を多くするので、各スロットに入る導体断面積が均一にはならない。

図2.4(b)と(d)は、3相巻線のために同心巻とする場合です。2個のコイルの巻数が同じであれば、(e)のような重ね巻をしても磁界の発生の仕方はほとんど同じです。

図2.4 2相巻と3相巻の事例（12スロット鉄心の場合）

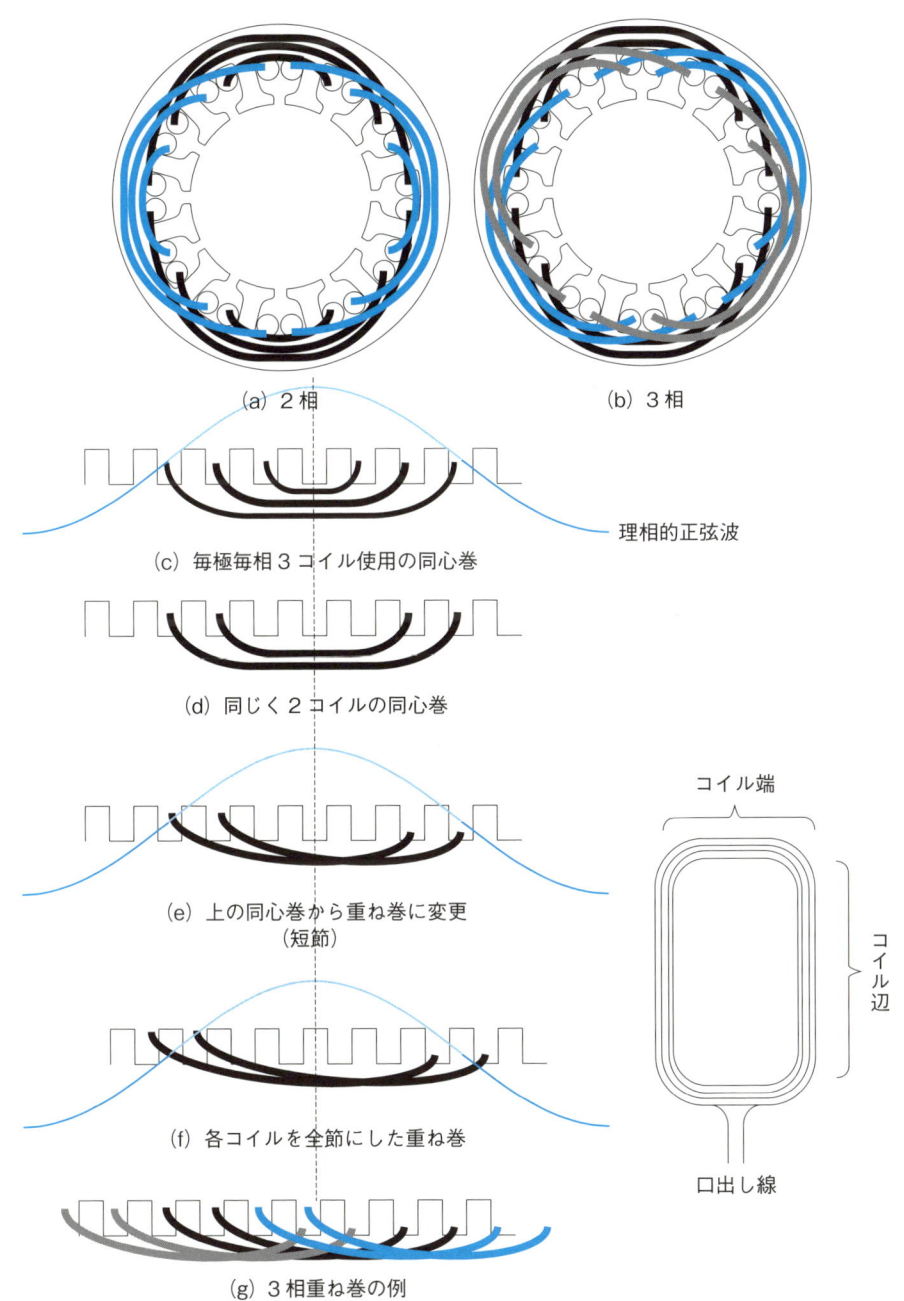

(a) 2相

(b) 3相

(c) 毎極毎相3コイル使用の同心巻 — 理想的正弦波

(d) 同じく2コイルの同心巻

(e) 上の同心巻から重ね巻に変更（短節）

(f) 各コイルを全節にした重ね巻

(g) 3相重ね巻の例

コイル端
コイル辺
口出し線

●2.2.3　短節と全節

　重ね巻の場合、図2.4(f)のようにもできます。ここで1個のコイルに注目すると、一方のコイル辺から他方のコイル辺までの間隔が6スロット分であり、角度では180°です。これは磁界との相互作用で発生する起電力が最大になるピッチで、全節と呼びます。あるいは6/6ピッチということもあります。図2.4(e)は短節の5/6ピッチコイルです。

　図2.4(g)は全節ピッチで3相巻線をしたものです。このようにすると、どこが一つの極なのか判断するのが困難になるので、試作の場合にはどこかに印などをつけます。

　2相巻線でも重ね巻にした事例があります。ただし純粋な2相モータは製品としてはきわめて少なく、あるとすれば第4章で扱う単相電源運転の2相巻です。この方式ではA相とB相のエナメル線の太さと巻数が異なることが多いので、よく観察すると極の中心がどこなのか判断できます。

●2.2.4　巻線係数─巻線の質を表す係数

　2相に対して3相が巻線で有利なことを、言葉だけで語ることは困難です。定量的に論じるための係数が巻線係数（winding factor）です。記号としてK_Wを使います。

　全節コイルは磁界との相互作用ではベストですが、欠点もあります。それは磁界の空間分布が正弦波ではない場合に、そこに含まれる奇数次成分を全部拾うことです。なぜこれが困るのでしょうか？　回転磁界型モータでは、磁界が一定の形を保ちながら回転してほしいのですが、そのための条件は時間的な成分に高調波が含まれないことです。たとえば、交流の基本波は$\sin(\omega t)$ですが、第3次高調波の$\sin(3\omega t)$や5次や7次の$\sin(5\omega t)$、$\sin(7\omega t)$成分が入ってこないことが条件です。

- 偶数次数は通常は発生しにくい。
- 空間的な奇数次分布がゼロでもよいのだが、これは空間や素材の有効活用にならない。
- 3相巻線の場合には、空間的な第3次高調波成分が各相の電流分布に含まれても互いに打ち消しあう。

1個のコイルで第3次高調波を拾わないためには4/6ピッチのコイルになるのですが、これは基本波との鎖交数が少なくなります。こういうことをK_Wで論じます。

6/6ピッチでは $K_{W1} = \sin(6/6 \times \pi/2) = 1.00$　　$K_{W3} = \sin(6/6 \times 3\pi/2) = -1.00$

5/6ピッチでは $K_{W1} = \sin(5/6 \times \pi/2) = 0.966$　$K_{W3} = \sin(5/6 \times 3\pi/2) = -0.707$

$K_{W5} = \sin(5/6 \times 5\pi/2) = -0.258$

$K_{W7} = \sin(5/6 \times 7\pi/2) = 0.258$

（K_{W3}が大きいけれども各相で打ち消しあう）

4/6ピッチでは $K_{W1} = \sin(4/6 \times \pi/2) = 0.866$　$K_{W3} = \sin(4/6 \times 3\pi/2) = 0$

この計算結果を表にすると下のようになります。高調波の次数はプラスとは限りません。高調波成分の巻線係数は正になることも負になることありますが、その絶対値が重要です。

1個のコイルの巻線係数（絶対値）

ピッチ	基本波	第3次高調波	第5次高調波	第7次高調波
	$n=1$	$n=\pm 3$	$n=\pm 5$	$n=\pm 7$
4/6	0.866	0	0.866	0.866
5/6	0.966	0.707	0.259	0.259
6/6	1.00	1.00	1.00	1.00

空間的な次数が時間的次数になる

● **コストダウン型として**

24スロット鉄心を使って3相4極モータとする場合にも $q=2$ です。各スロットに入るコイル辺は2個ですが、簡素化するために5/6ピッチコイルを毎極毎相1にしてみたのが図2.5のイラストです。これは実際に生産もされています。性能はすこし落ちますが、巻線が簡単で若干のコストダウンに寄与しているのかもしれません。

図2.5 この巻数は5/6ピッチのコイルを毎極毎相に1回だけを使う場合を描いている

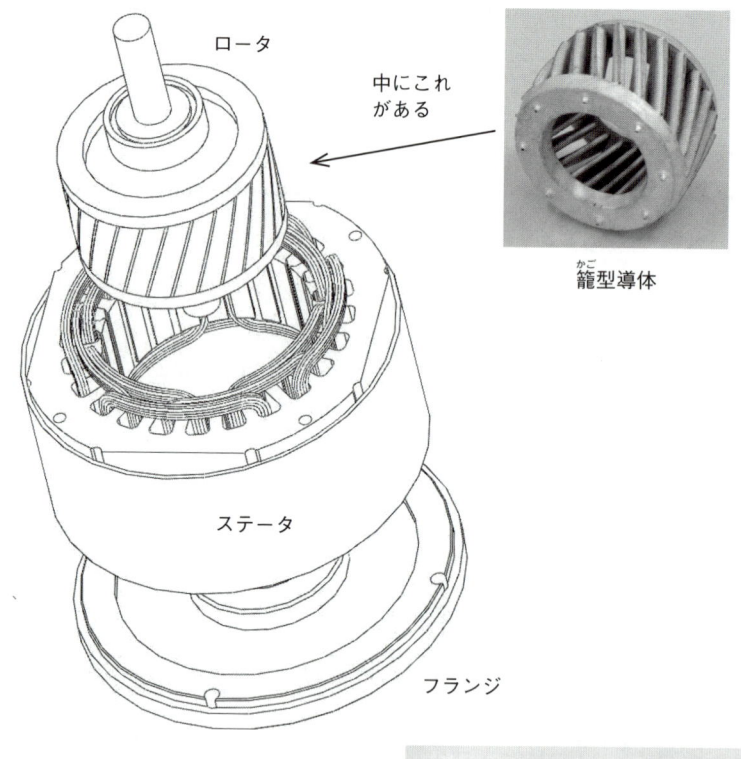

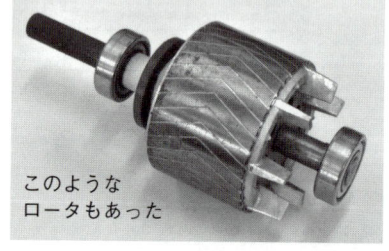

ロータ

中にこれがある

籠型導体

ステータ

フランジ

このようなロータもあった

　次に、3相2連重ね巻の場合には、この値にさらに $\cos(n/6 \times \pi/2)$ を掛けたものが巻線としての総合的な K_W になります。有利なのが6/6ピッチです。
理由は
・基本波巻線係数が、0.966と1.00に近い。
・第5および7次高調波巻線係数が、0.259と低いし、この成分の主な要因はスロットの数と開口だが、籠型誘導モータの場合にはスキュー

（斜溝）によって影響が減じられる。

・第3次高調波巻線係数が0.707と大きい値だが、3相間で打ち消しあうので実質的にゼロである。

このことを示すイラストが図2.7です。図が複雑になることを避けて、5/6ピッチ2連の場合で、起磁力の分布を描いたものです。UVWのうちで仮にU相に最大電流が流れているとき、VとWにはその半分の電流が流れるので、起磁力分布の大きさは半分になります。各相の階段状の起磁力には、第$3n$次高調波成分が含まれているので、正弦波に近いとは言えませんが、合成した階段波は正弦波に近いです。これは第$3n$次高調波成分が3相間で打消しあった結果です（図2.7）。

読者が6/6ピッチの場合について同じような図を作ってみると、5/6ピッチより少し有利なことがわかると思います。つまり一定に電流によってできるだけ大きな基本波起磁力が少し大きくなるはずです。

図2.6　3相籠型誘導モータ（実験用としてYおよびΔ結線が可能とするために6本のリード線を引出している

ロータの構造については図2.8を参照

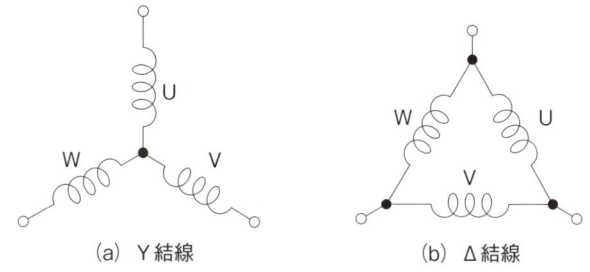

(a) Y結線　　　(b) Δ結線

図2.7　3相巻数を使う場合の各相の磁界分布と合成。実際の巻線は図2.6を参照

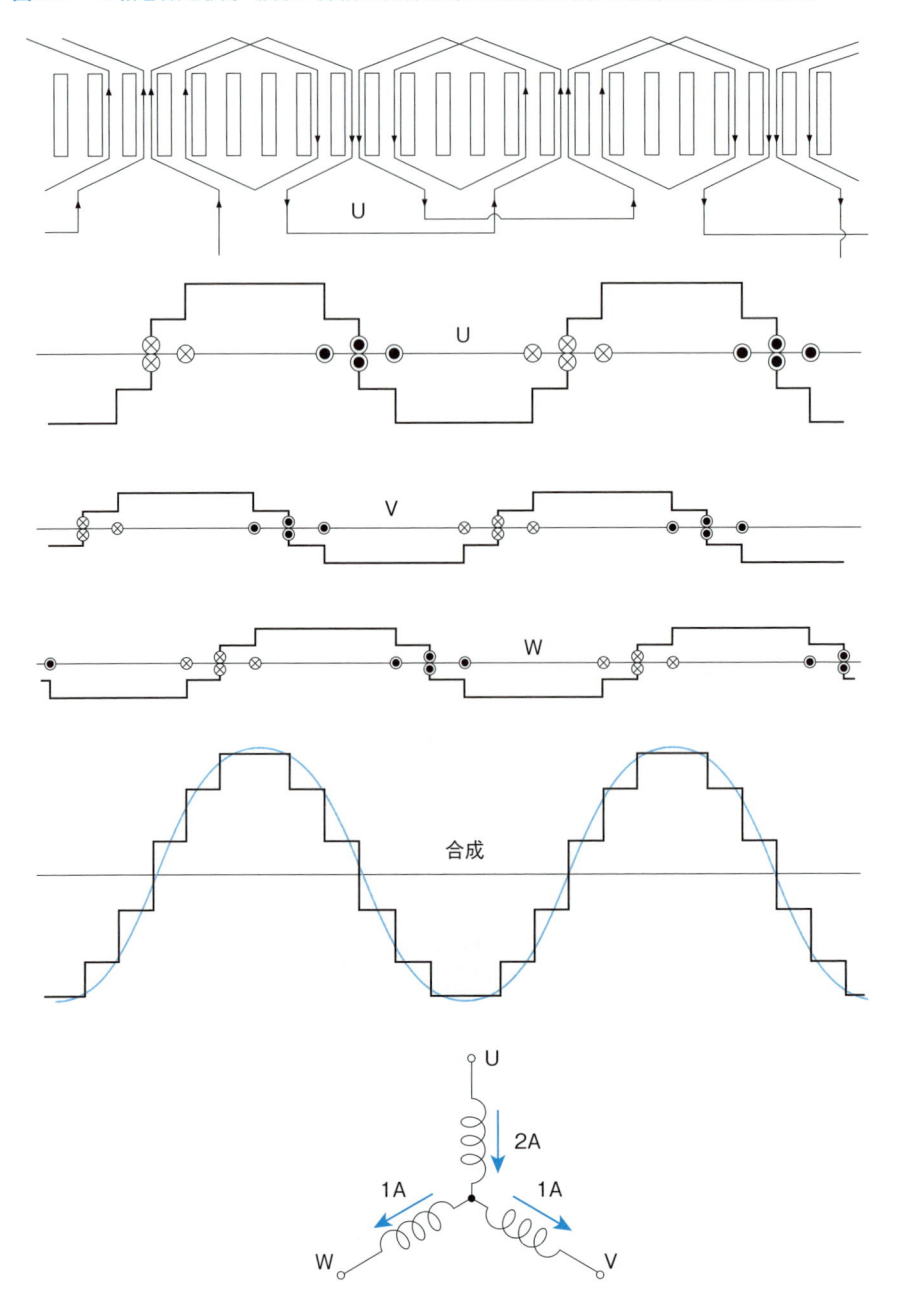

2.3 籠型誘導モータの原理

籠型誘導モータではどのようなメカニズムでトルクが発生するのか、根本的なところを説明します。最初は簡単に説明してから、徐々に深い電磁気学的なことがらに言及し、設計においてどんな配慮をするのか見てみます。

この部分の実際の計算ができるためには、電気工学の伝統的な学問である交流回路理論が必要です。これは複素数を使う計算です。参考書として[1]を挙げますが、大学等で使う教科書も有益です。

●2.3.1　基本構成―導体とエンドリング

図2.6の写真は、教育機器として設計された籠型誘導モータです。籠型ロータの構造がわかりやすくなっています。大量生産型では、ロータの導体はアルミニウムダイカストで製造しますが、この写真のものは銅の丸棒を使ったもので短絡環には銀蝋付けを採用しました。

回転する磁界の中に籠型ロータを置くと、回転力が発生するわけを語りたいと思います。図2.8(a)は籠型ロータの構造を示しています。鉄心によって周囲を囲まれるようにリス籠をした導体が形成されています。ここで導体を磁界が切っていることに注目します。導体の両端には起電力が発生します。それによって電流が短絡環（end ring）を通って自由に流れると想定します。短絡環は導体に流れる電流をバイパスさせる電流路です。

ここで一本の導体に注目します。磁界は導体を通過します。磁界の上でみると導体が磁界を切っているともいえます。導体が横切る磁界は↑向きになったり↓向きになったりします。つまり磁界の強さは時間的に正弦波関数で表すことができます。

導体が磁界を切ると導体には起電力が発生することを、読者は知っていると思います。すべての導体が短絡環で結ばれているので、この起電力によって電流が流れます。

ちなみに、起電力の向きと力の向きは図1.14に示したフレミングの右手と左手の原理によって決まります。

図2.8　かご型ロータ構造と電気回路的意味

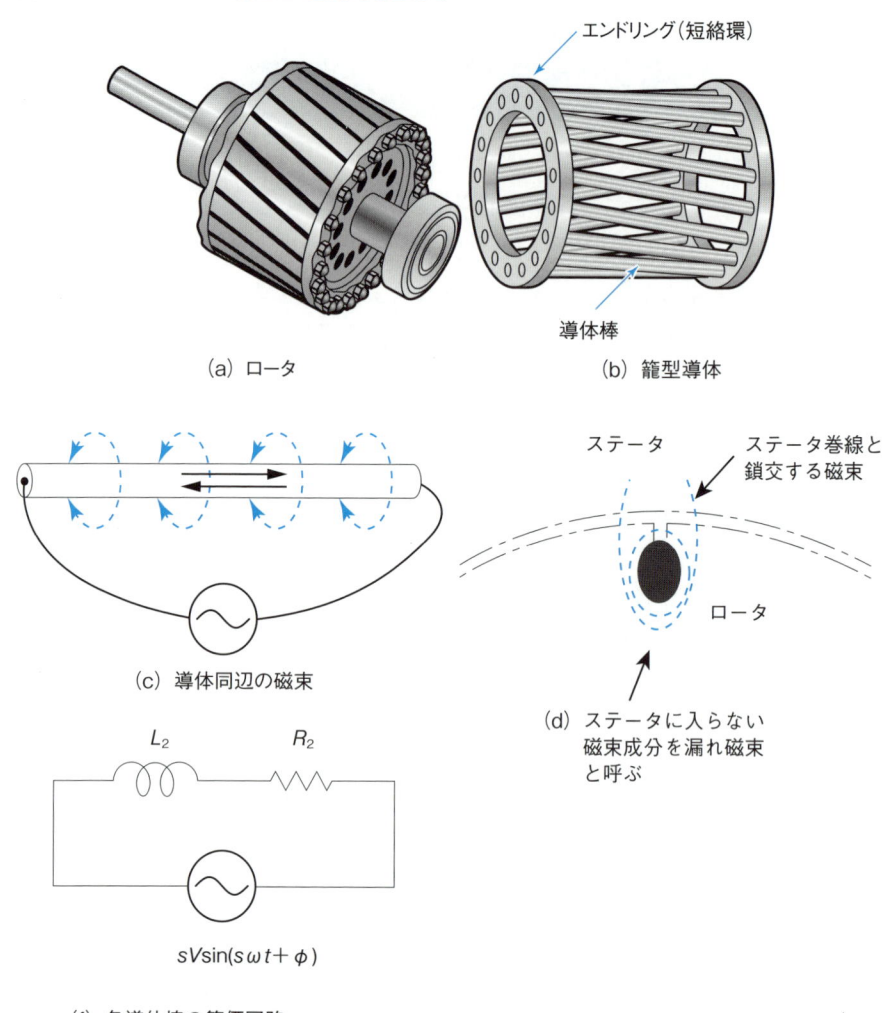

(a) ロータ

(b) 籠型導体
　エンドリング（短絡環）
　導体棒

(c) 導体周辺の磁束

(d) ステータに入らない磁束成分を漏れ磁束と呼ぶ
　ステータ
　ステータ巻線と鎖交する磁束
　ロータ

(f) 各導体棒の等価回路

L_2　R_2

$sV\sin(s\omega t + \phi)$

すると、元の磁界と今ロータに発生した電流が作用して力が働きます。図2.8(c)は、この導体に流れる電流によって、磁束が発生することを説明するものです。図2.8(d)に説明しているように、この磁束のうち自分のロータ導体の周囲を回る成分が漏れ磁束で、自己インダクタンスの作用をします。これを漏れインダクタンスと呼び、L_2で表します。一方、ギャップを通って

図2.9 2極モデルによるステータとロータの電流分布、外側がステータ巻線、内側をロータ巻線の導体を表す

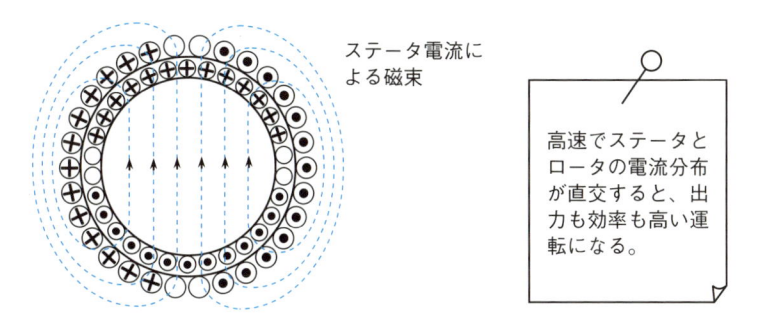

ステータ電流による磁束

高速でステータとロータの電流分布が直交すると、出力も効率も高い運転になる。

ステータ鉄心の中に入って、巻線を含む磁路を通る成分が、一次側（ステータ巻線）との鎖交磁束です。この鎖交磁束はロータで起きる作用を電源に返すために重要な働きをします。

ここでは漏れインダクタンスの作用に注目します。これを電気回路として捉えるのが図2.8(f)です。

ここで、①ステータの電流分布と、②それによる磁束の流れ、そして③ロータ導体の電流分布の様子を描いている図2.9を見てください。このときロータの各導体にはCW（時計方向）にトルクがはたらきます。このようにステータとロータの電流分布の軸が直交しているときにトルクがもっとも有効にはたらきます。

直交するためには、導体の電気抵抗（R_2とする）よりも漏れインダクタンスによるリアクタンス成分$s\omega L_2$が小さくなくてはいけません。

リアクタンスとは、直流では姿をひそめて、交流のときに姿を現す抵抗のようなもので、その大きさは周波数の2π（ほぼ6.28倍）をインダクタンスに掛けたものです。ロータが静止している時の周波数は電源周波数fであり、その2π倍である$2\pi f$を角周波数と呼び、ωと記すのが習わしです。つまり漏れリアクタンスはωL_2です。抵抗とリアクタンスの違いは、第1章で見たように、電圧に対する電流の位相関係にあります。リアクタンスが大きいと、電流の位相が電圧の位相よりも90°近くまで遅れます。すると磁界と電流との作用によるトルクがうまく発生しません。図2.9のような電流分布になるためには、$s\omega L_2 \ll R_2$が必要です。

ここで、ロータが回転するとどうなるのかを考慮します。ロータの上で磁界の変化をみると加速するにしたがって、磁界変化の周波数が低くなるはずです。この比率をsと記し、すべり（slip）と呼びます。つまりロータ上の角周波数は$s\omega$です。すべりsは、後の(2.6)式で正確に定義されるのですが、起動のときは$s=1$で、加速して回転磁界の速度（これを同期速度と呼ぶ）になったときは$s=0$です。

ここで$s\omega L_2 \ll R_2$になる条件を探索すると、次のどちらかの場合です。

(1) 導体の抵抗R_2が大きい。後の図2.11(a)に示すように、起動時（$s=1$）に大きなトルクが得られる。

(2) R_2が小さくてもsが小さい（同期速度に近いとき）。

つまり同期速度に近いときにトルクが大きくなります。ただし、起電力自体も低くなるので、後の(2.7)式で与えられるように、トルクが最大になるsがあります。逆にいうと、ロータの導体まわりの形状の設計によって、用途に応じて後の2.11(a)のT/N特性を調整できます。これが誘導モータの大きな利点です。

●2.3.2　電磁誘導の仕組み

ロータで起きるこのような電磁誘導現象がどんなもので、何が重要なのか知っておくことを勧めます。ポイントは2つあります。

(1) ロータの上では周波数が異なる。二次回路の物理的意味を理解する。

(2) インダクタンスの役割……漏れインダクタンスというコンセプト

まず周波数のことです。ロータが回転を始めて、加速すると（回転方向は回転磁界の回転方向と同じですから）導体の速度が磁界の回転に近づきます。これは磁界とロータの相対速度が低くなることを意味します。その効果として、起電力が低くなり、電流が低下してトルクも低くなります。単純に考えると、トルクはすべりsに比例して直線的に低下するはずです。このような性質のモータは、第3章でみる表面導体の特殊モータに現れます。

籠型誘導モータでは、細い導体を使うか黄銅のように比抵抗の若干高い材料を使うと、このようになってきます。しかし、籠型の利点は、ロータの導体に大きな電流を発生させることと同時に、漏れ磁束の効果を積極的に使う

ことです。これがインダクタンスの役割です。

●2.3.3　モータを電気回路として理解する

このあたりをさらに突っ込んで考える方法として、モータを電気回路として捉える方法が考案され、多くの教科書の標準的な理論になっています。初歩的なところを説明しましょう。

導体に流れる電流は、起電力を単純に抵抗で割った値として決まるかどうか、注意が必要です。導体の周辺には鉄心があるので、磁束が形成されやすく、抵抗に加えてインダクタンス成分の効果を考慮する必要があります。

実は、初学者にはこの辺りが大変にわかりにくいのですが、磁束が発生しても電気回路と漏れなく鎖交していると、電磁誘導によって発生した電流の磁束によって元の磁束が打ち消されます。電磁誘導の結合が密でないと打ち消されない磁束が発生します。それが漏れ磁束です。それをパラメータとして表すのが、漏れインダクタンス L_2 です。

図2.8(c)(d)はこれを示すヒントです。そこでこれを電気回路として表すと(f)のようになります。仮に抵抗成分 R_2 と比較してリアクタンス $j\omega L_2$ 成分が無視できないと、電流の位相がかなり遅れます。この現象を利用して効率の高いモータが設計できます。ただし、モータの体格が小さいと、ステータ巻線の抵抗が大きいので、永久磁石同期モータに比べると効率は劣ります。

●2.3.4　ロータに使う導体の素材と形状—高速で効率を上げる原理

太い断面の銅の導体を、ロータ側面から少し中に入ったところに配置しているのが籠型です。図2.8(c)に描いているように、漏れ磁束が発生してリアクタンス成分のために、電流の正弦波が位相的に遅れます。そのために、始動時のトルクは低くなります。しかし速度の上昇とともに電流の位相遅れが少なくなってトルクが有効に作用します。

動力（＝機械的出力）はトルクと角速度の積ですから、高速でトルクが発生しやすいことは、効率特性としては優れることを意味します。これが籠型誘導モータの最大のメリットです。

2.4 等価回路で計算する

　全体の等価回路は図2.10に示します。等価回路は、コンピュータが発達する以前の計算ツールだったために、多くの研究がなされ、多くの形の等価回路が提案されました。たくさんあることは、決定的なものがないことでもあります。等価とは言うのですが、近似的な手法です。

　図2.10に示す(a)は多くのテキストに掲載されているT型と呼ばれる回路です。(b)は筆者の提案するもので、電気回路の法則によって(a)から導くことができます。これは筆者がステータの歯とスロットの影響を解析したときの基になった形式です。

　本書は一つのタイプのモータを深く論じる専門書ではありませんので、ここでは本質をみるために、鉄損を代表する分岐回路を省略しています。この図にはギャップ部分の性質を表す励磁リアクタンスの計算式を示しています。これはモータの構造と巻線の仕様と回路パラメータの関係を示す重要な計算式ですが、誘導のプロセスは参考資料[2]に譲ります。

　ステータ巻線の抵抗 R_1 は、巻線の仕様から計算できます。ロータ導体の抵抗 R_2 も理論的に計算できますが、傾向として R_1 に近い値になります。

　L_1 と L_2 の決定法については、いろいろの考えが論じられてきました。エイヤッと決めて実際にも使われているのが $L_1 = L_2$ です。

●2.4.1 電流とトルク式

　中型以上のモータの特性のおおよその計算をするには、E を一定と仮定して計算します。すると二次電流とトルク式は次のようになります。

・二次電流

$$I_2 = \frac{E}{\sqrt{R_{20}^2/s^2 + (2\pi f L_2)^2}} \tag{2.1}$$

・二次入力（$R_2 (= R_{20}/s)$ で消費される電力）

$$P_2 = I_2^2 R_{20}/s \tag{2.2}$$

・トルク

図2.10　籠型誘導モータの基本等価回路

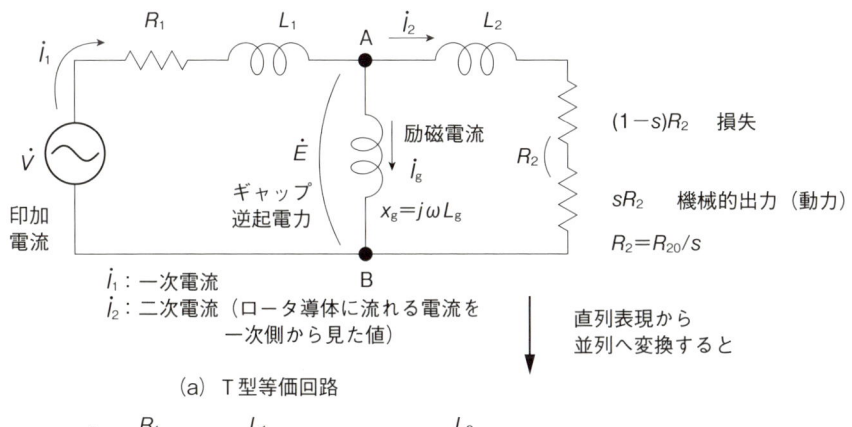

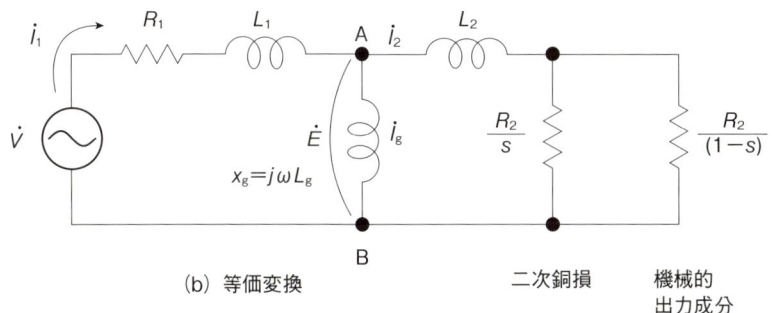

励磁電流

$\dot{E}$ ギャップ逆起電力

$x_g = j\omega L_g$

$(1-s)R_2$　損失

sR_2　機械的出力（動力）

$R_2 = R_{20}/s$

$\dot{i}_1$：一次電流
$\dot{i}_2$：二次電流（ロータ導体に流れる電流を一次側から見た値）

(a) T型等価回路

直列表現から並列へ変換すると

$\dfrac{R_2}{s}$

$\dfrac{R_2}{(1-s)}$

(b) 等価変換

二次銅損　機械的出力成分

$$x_g = \frac{2m\omega R L_s (K_w W)^2 \mu_0}{\pi p^2 \delta}$$

W：各相直列巻数
L_s：ステータ積層厚
R：ギャップ半径
μ_0：真空の透磁率
δ：ギャップ長
p：極対数
j：$\sqrt{-1}$

（注：$\dot{E}$、$\dot{V}$、$\dot{i}_1$、$\dot{i}_2$、$\dot{i}_g$ のドットは交流ベクトルを示す記号）

$$T = P_2/\omega_0 \tag{2.3}$$

・同期角速度

$$\omega_0 = 2\pi f/p \tag{2.4}$$

ここでpは極対数（極数の半分）です。

同期速度を1分間あたりの回転数N_0（単位 rpm）で言うことが多いですが、その定義は、

$$N_0 = 120(f/p) \tag{2.5}$$

です。

● **すべり s の定義**

ここで、すべり s を定義します。

$$s = \frac{N_0 - N}{N_0} \tag{2.6}$$

ただし、N は 1 分間あたりの回転数です。

上の (2.2) と (2.3) 式からわかるように、トルクは R_2 ($= R_{20}/s$) で消費される電力（二次入力 P_2）に比例します。比例係数の中に同期角速度 ω_0 が分母として入っています。これは (2.4) 式が示すよう極対数 p に反比例します。つまり、同じ二次入力であれば極数 ($2p$) が大きいほど、トルクが大であることが暗示されています。図4.14には小型で大きなトルクを得る設計として、60極の誘導モータの事例を示しています。

しかし、小型モータでは、極数を多くするとギャップリアクタンス x_g が低下してトルク発生に寄与しない無駄な電流（無効電流）が流れるために、効率が低下します。

● **2.4.2　停動トルクと停動すべり**

トルクはあるすべりでピークになります。これを停動トルク（stall torque）と呼びます。この時の停動すべり s_t と等価回路パラメータは次の簡単な式で結びつけられます。

$$s_t = \frac{R_2}{2\pi f L_2} \tag{2.7}$$

● **2.4.3　比例推移特性**

図2.11は、ロータ導体の形状を変えずに比抵抗だけが変わったとして、このあとに述べる表皮効果を無視したときの T/N 特性がどんなものかを示すものです。二次導体の比抵抗を高くしたときの曲線は、すべり $s=0$ の縦軸を基準として全体を左に引き伸ばしたような曲線になります。これが誘導モータの比例推移特性です。

この特性から次のことが言えます
(1) 50/60Hz電源に直接接続する用途で起動停止が多い用途には、二次抵抗を高めに設定したモータ設計が適する。
(2) 連続運転用には二次抵抗 R_2 が低く設定したモータが適している。
(3) 関連事項：可変周波数可変電圧のためにインバータを使う場合には、比例推移ではなく平行推移特性になる。これについては図5.17参照。

図2.11　比例推移特性

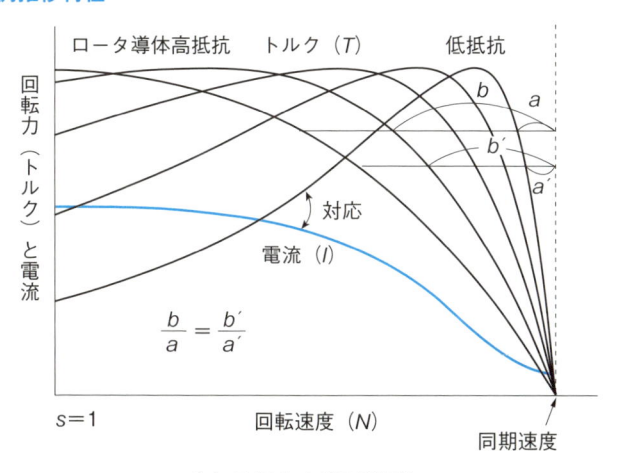

(a) T/N および I/N 特性

(b) 先の図2.6の写真のロータには銅を使っているが、これは同じ寸法の黄銅を利用して起動トルクを高くしている

2.5 実務的重要事項

今日のモータ設計では、基本に忠実だけでなく、実際問題に遭遇したときのソリューションを与える知恵が求められます。

●2.5.1 同期速度

誘導機の回転速度を語るときに、まず重要なのが1分間あたりの同期速度N_0です。これは先にも（2.5）式で与えたように次式で決まります。

$$N_0 = 120(f/p)$$

ここで、

p = 極対数（= 極数の1/2）

f = 周波数

表2.2 同期速度

極数	50Hz	60Hz
2	3000rpm	3600rpm
4	1500	1800
6	1000	1200
8	750	900

極数	50Hz	60Hz
10	600rpm	720rpm
12	500	600
14	428 4/7	514 2/7
16	375	450

誘導モータの通常の使い方では、回転速度が同期速度を超えることはありません。連続運転用に設計されたモータでは、同期速度の94%前後で使われることが多いです。そこで設計の問題として重要なのが極数です。ここにステータのスロット数が関係します。

ステータのスロット数を論じるときに、24とか36というふうな絶対数のほかに、毎極毎相のスロット数をいうこともあります。

●24スロット鉄心の場合

第1章では4極に適した鉄心として図1.23を提示しましたが、ここでは図2.12に2極高速用で24スロットを示します。磁束の通路であるバックヨーク

図2.12 2極誘導モータと同期リラクタンスモータ用鉄断面（バックヨークが広いことが特徴）

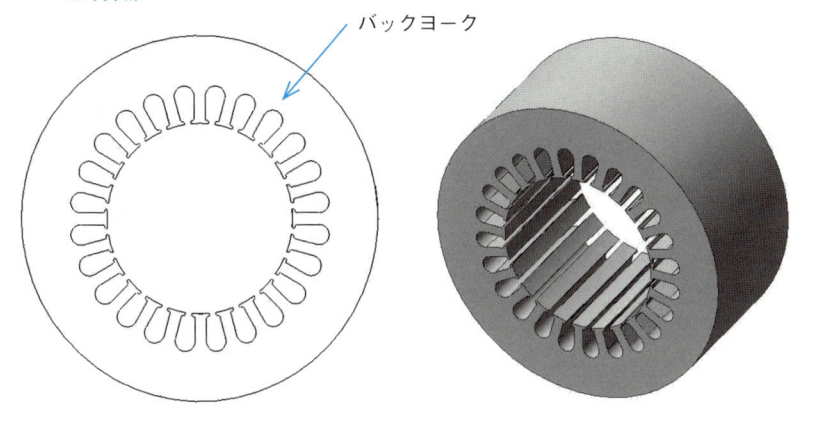

部分が厚いのが2極用の特徴です。

たとえば図2.12の場合には全体で24スロットで、これに3相2極の場合には、毎極毎相のスロット数は24÷3÷2＝4です。これはU相の各極に4個のコイルが使えるので、理想に近い分布巻ができます。4極にすると24÷3÷4＝2です。この場合の起磁力配置の1例を示すのが図2.7でした。

毎極毎相のスロット数を1にすると、誘導モータの特性は若干低下します。

- ・2極　　24÷3÷2＝4
- ・4極　　24÷3÷4＝2
- ・8極　　24÷3÷8＝1

図2.13は、4極と8極の場合のコイル分布をみている事例です。同図(b)はコイル1個に両方の巻線を設置して2段階の速度切り替えができるようにした事例です。8極の場合には毎極毎相1個のコイルしか許されません。この図では3/3ピッチ巻としているのですが、このために起きる厄介な問題については、この後で考察します。

ここで2相巻線についても少しだけ見ておきます。

- ・4極　　　24÷2÷4＝3
- ・6極　　　24÷2÷6＝2
- ・8極　　　24÷2÷8＝3/2

このように6極が可能ですが、問題なのは8極の場合には、$q=3/2$になる

図2.13　24スロット鉄心での3相巻線事例

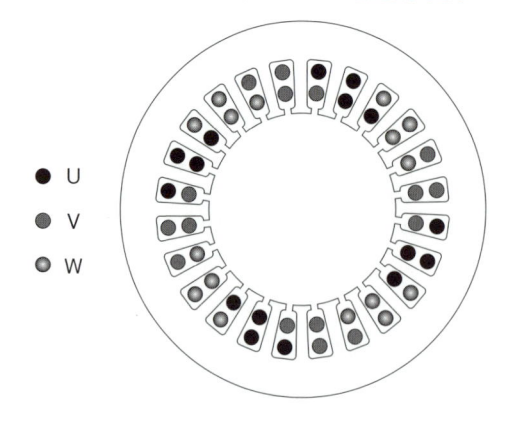

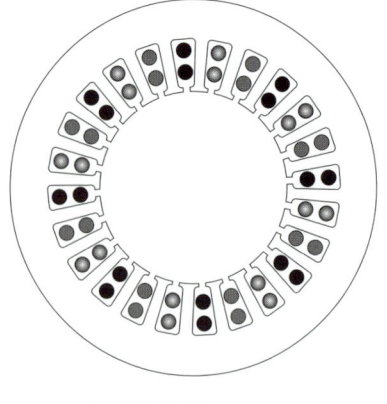

- U
- V
- W

(a) 4極、毎極毎相に5/6ピッチコイルを2個用いる場合、$Kw=0.933$

(b) 8極、毎極毎相に3/3ピッチコイルを1個用いる場合、$Kw=1.00$

図2.14　24スロット鉄心利用、2相巻4-8極同心巻の事例

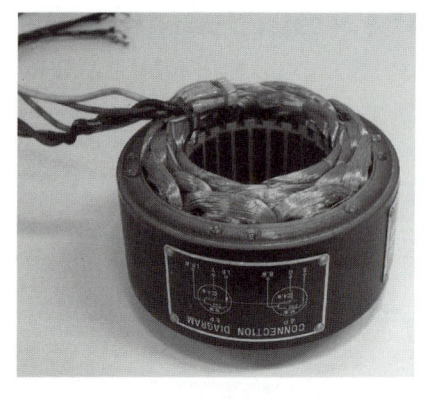

(a) 外側が8極内側が4極

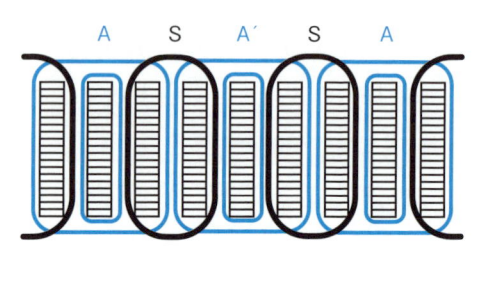

(b) 8極の変則的な同心巻

ことです。どのように巻くのか、できるのか……いろいろ課題が残ります。今は昔ですが、放送局用のテープレコーダのテープ送りモータとしてテープの速度を1：2：4あるは1：2に可変できるモータが求められたことがあります。図2.14は、1：2の切り替え用のために24スロットコアを使った事例です。A相の毎極には2コイルを使い、B相には1コイルとしました。

このように8極の場合の1.5というのは、A相とB相では巻線のパターン

図2.15　36スロット鉄心を使って2、4、6、8極磁界を作ってみる

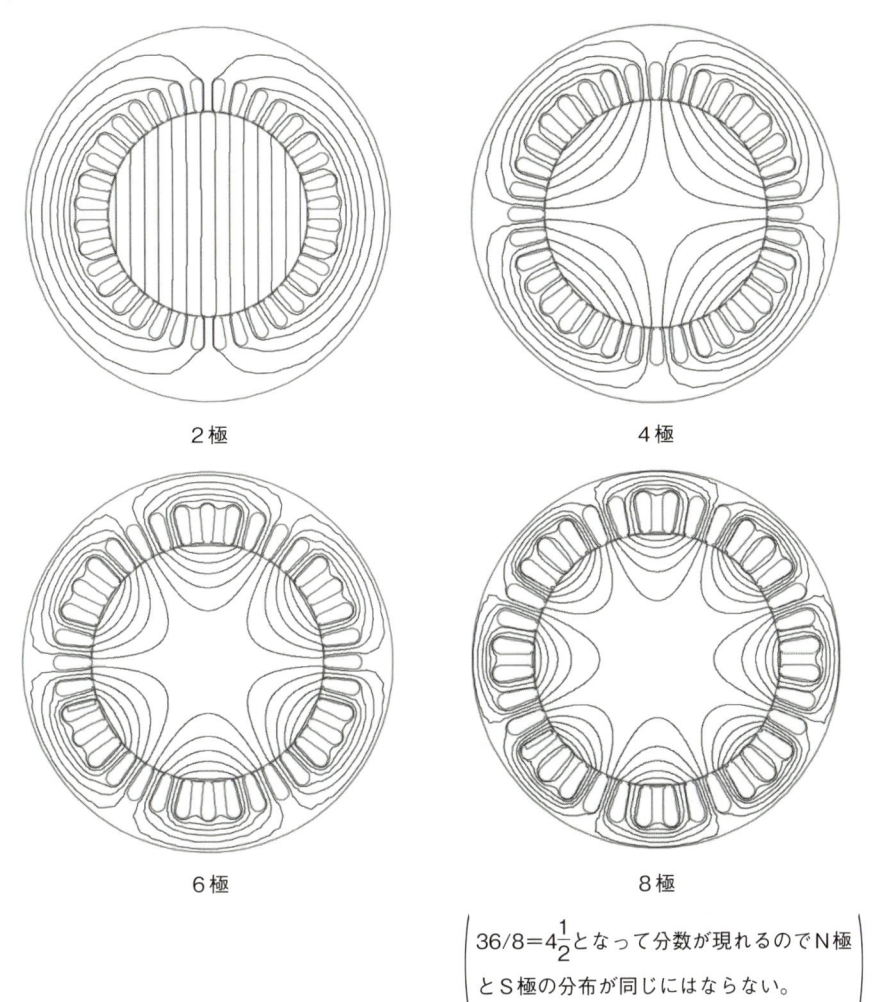

2極

4極

6極

8極

$\left(\begin{array}{l} 36/8 = 4\frac{1}{2}となって分数が現れるのでN極 \\ とS極の分布が同じにはならない。 \end{array} \right)$

が異なることを意味します。

● **36スロット鉄心の場合**

　よく使われるもう一つのスロット数が36です。図2.15には、鉄心だけの円筒形ロータを挿入した場合の磁力線のパターンを描かせています。

　それぞれ次のようになります。

　　・2極　　$36 \div 3 \div 2 = 6$

- 4極　　$36 \div 3 \div 4 = 3$
- 6極　　$36 \div 3 \div 6 = 2$
- 12極　$36 \div 3 \div 12 = 1$

　図2.16は、36スロット鉄心を使った類似の負荷を駆動するために作られた12極巻線と4極巻線を並べて撮影したものです。12極モータは負荷を直結駆動するのに対して、4極モータは減速機を使います。

　36スロット鉄心で8極モータを作ろうとすると、24スロット8極と同様にqが整数にならないで、変則的な

$$36 \div 3 \div 8 = 1.5$$

になります。

　そのためにN極とS極ではコイルが異なるパターンになります。その結果として磁束のパターンも図2.15のように変則的になります。

図2.16　36スロット鉄心利用の実例

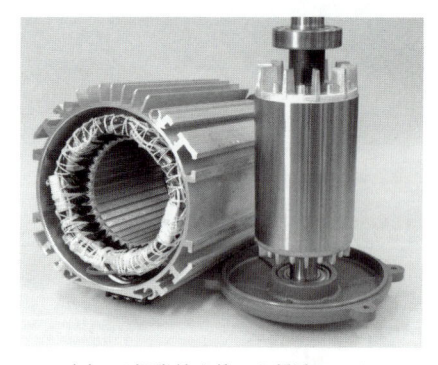

（a）12極巻線を使った低速モータ　　（b）4極巻線と歯車を利用して小型化

●2.5.2　ロータの構造

●溝数の選択

　ロータのスロットと導体の本数の選択は重要です。モータにおいては、鉄心の歯と溝の関係やそれに伴う多くの問題が論じられ、設計に反映されてきました。ロータの溝の数も重要な要素です。

● 斜溝

適切な溝数にしたうえで、さらにロータの溝を斜めにしてトルクの脈動は騒音を減らします。これを斜溝とかスキュー（skew）と呼びます。

● 二重籠型と深溝型──表皮効果の影響と利用（図2.17、2.18）

電線に高い周波数の交流電電流が流れるとき、電線内の電流分布には均一にはならないで、電線の表面に集まってきます。これを表皮効果と呼びます。表皮効果の指標として、導電率、透磁率および周波数の積がよく言われます。

籠型誘導モータではロータの導体にこの現象が顕著に現れます。これを有効に利用してきた設計が、図2.17に示す二重籠型と深溝型です。速度が低いとき、図2.17(a)に破線で示すように、深溝型では周面に磁束と電流が偏ります。その結果、図2.10(a)で定義している二次抵抗 R_{20} が高くなり、起動トルクに有利です。(a)の深溝型では外側の導体に磁束と電流が集中します。図2.17(c)は二重籠型での電流が導体表面に集中する表皮効果の様子を濃淡で描いています。速度が同期速度に近づくと、ロータ上の周波数が減少して表皮効果は小さくなり、電流は導体全体に広がり、(2.7) 式の停動すべり s_t が低くなります。結果として運転効率も高くなります。

図2.17　深溝型、二重籠型における表皮効果の利用

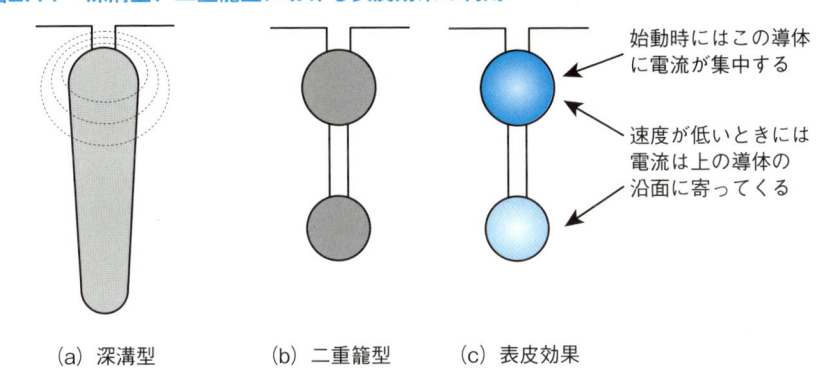

(a) 深溝型　　(b) 二重籠型　　(c) 表皮効果

始動時にはこの導体に電流が集中する

速度が低いときには電流は上の導体の沿面に寄ってくる

● 閉溝と開溝

図2.18は深溝型ロータ鉄心の打ち抜きの事例です。導体が入る溝が閉じているものと開いているものがあります。この意味は次の通りです。

・静粛な運転のためには溝が閉じていることが望ましい。
・閉じていると二次漏れインダクタンスが大きくなりやすい。すると起動トルクが低下する。磁気飽和によって磁束をある程度阻止するために、できるだけブリッジを狭くしたい。そのためには精密加工が必要。

先の図2.16の写真に見る事例では閉溝鉄心を利用しています。写真では見えないのですが、肉眼では斜溝（スキュー）の様子が見えます。

図2.18　さまざまのロータ鉄心断面（開溝３例、閉講１例）

閉溝鉄心

●2.5.3　Δ結線とＹ結線

図2.6にも示したように、３相巻モータの大きな利点は、Δ結線とＹ結線の２つの結線法があって、適切な方を選んだり運転の途中で結線を変更したりすることができます。ここで二つの結線法にかかわる実際的な事柄をメモします。

（1）製造に関すること
　　Ｙ結線：線径を太く、巻数を少なくする。結線箇所が１つ。
　　Δ結線：線径を細く、巻き数を多くする。低い電圧で駆動するモータの場合には線径を太くする必要があるのでΔ結線がよい。ただし結線箇所が３つ。

（2）利用に関すること
これについては次の２つの項として説明します。

●2.5.4　第３次高調波電流を阻止できるＹ結線

　３相巻線では、空間的な第３次高調波の影響は、３相間では互いに消去しあうことは先に見ました。しかし、時間的な第３次高調波が電源電圧に混入しているか、正弦波電圧であっても、磁気飽和などのために第３次成分の電流が流れる可能性があるときには注意が必要です。

　デルタ結線では図2.19に示すように循環電流になります。これは誘導モータだけなく永久磁石を使う同期モータやブラシレスモータについても起きる現象です。これはモータの開発・設計においては微妙な問題であり、ていねいな計測と解析をしながら行います。

　しかし、Ｙ結線では第３次高調波は３つの相で消去しあって、巻線には現れません。

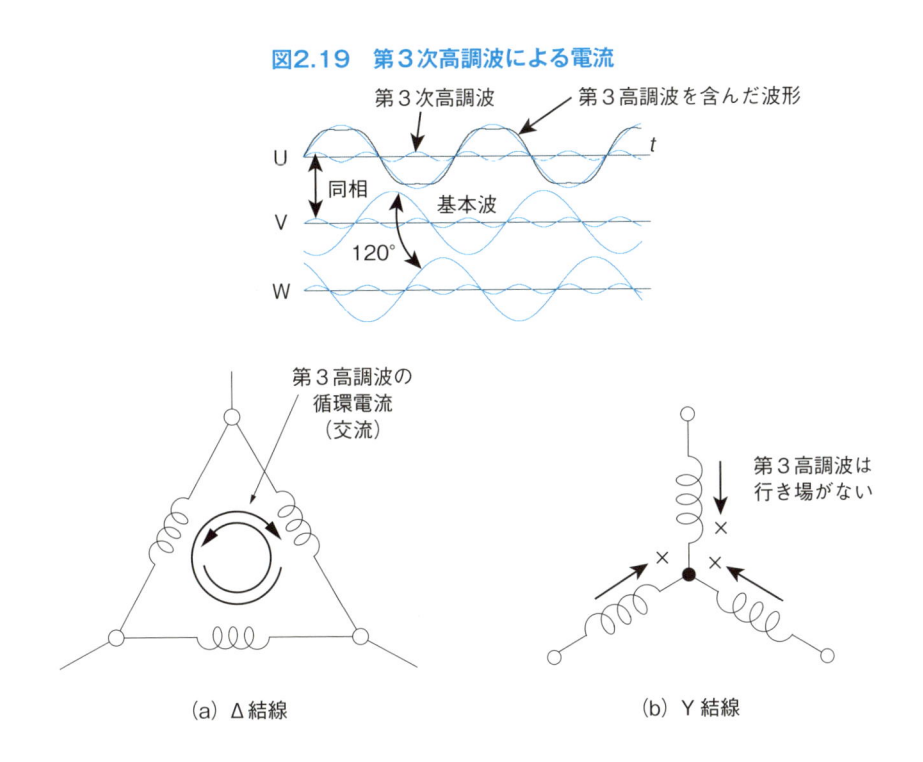

図2.19　第３次高調波による電流

(a) Δ結線

(b) Y結線

●2.5.5 スター・デルタ起動

3相巻線をもつモータでは、結線の方式としてYとΔ（デルタ）のいずれを選ぶことが許されることは先に述べたとおりです。1相にかかる電圧は$1:\sqrt{3}$の比率です。

200V電源に直入れするときに、電流が流れすぎないようにする方法として、最初にY結線で起動して、ある程度の速度になったところでΔに結線替えする方法がよく使われました。

●2.5.6 メリットとデメリット

ここで見たように、3相交流による誘導モータの運転は経済的な方法であることを知ったのですが、同時にその限界のあることも知りました。一つは周波数が50Hzあるいは60Hzに限定されていることです。また電圧も決まっています。

この欠点のソリューションが第5章のテーマとするインバータ運転です。

◎第2章の参考資料
[1] 見城：電気回路入門講座、電波新聞社
[2] 市川・見城（1978）：スロット高調波を考慮した表面導体形誘導機の等価回路、電機学会論文誌B、98巻5号、p. 409-16

Column

「モータのタイプと極数」

小型モータの極数の傾向をタイプ別にみると次の傾向が見えます。
◇DCおよび交流整流子モータ……2極
◇単相誘導モータ……4極
◇永久磁石同期モータ……8極およびそれ以上

第3章

特殊交流モータ

　回転磁界を使うモータには、誘導モータのほかにたくさんの種類があります。本章ではそれらをざっと見て、なかでも重要になってきたリラクタンス同期モータについては少し余計にページ数を割いてみようと思います。

3.1 今では特殊な誘導モータ

　まず特殊な構造の誘導モータを3例あげてみます。いろいろなモータを知ると同時に、これらの原理と構造について思考を深めて、ソリューション力の涵養にもなることを期待します。

●3.1.1　巻線型誘導モータ

　図3.1(a)(b)の写真は、昔使われた大型誘導モータの教材用模型だと思ってください。このモータでは籠型モータとは違って、ロータに流れる電流路を巻線によって確定しています。ステータ巻線が4極結線であれば、ロータも同数極が発生するような結線をしなくてはいけません。そしてスリップリングを介して(c)に示すように、外部に可変抵抗器を接続します。

　始動時は外部抵抗を大きくして電流を抑制すると同時に、位相遅れを小さくします。それによって電流を抑制しながら大きな起動トルクが得られます。そして、加速しながら外部抵抗を低くしてゆきます。すると T/N 特性が図3.1(d)のようになります。

　巻線型誘導モータは、第5章のテーマであるインバータの発達によって、今ではほとんど使われないのですが、このモータを引用するのは、それなりの意味があるからです。

Column
巻線型同期モータ

　大型の同期機と呼ばれる回転機には、同期電動機（モータ）と同期発電機があります。実際問題として細かいことが問題になる場合には、発電機と電動機には違いがありますが、基本的には同じ構造です。それは巻線に界磁用巻線を設置して、これに2個のスリップリングを介して直流電流を流します。図3.1(a)(b)の巻線型ロータを使って図3.2のように結線すれば、巻線型同期モータになります。

図3.1　巻線型誘導モータ

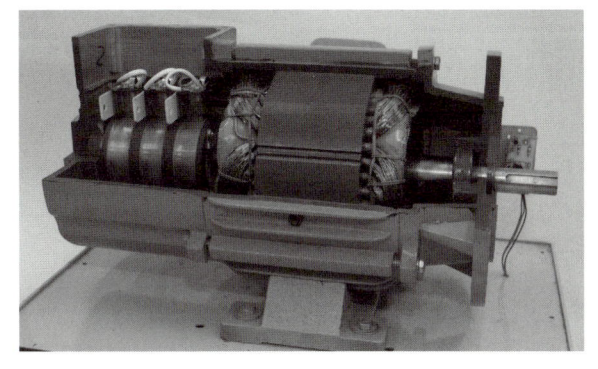

(a) 仕組み

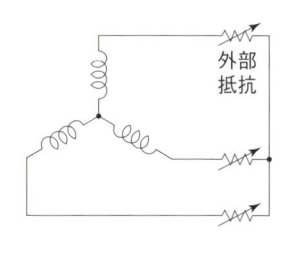

(c) スリップリングとブラシを介して外部抵抗を接続する

(b) ロータ構造

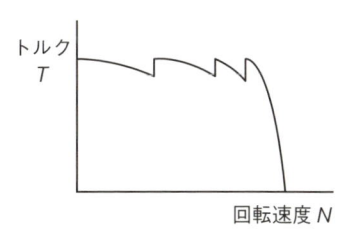

(d) T/N 特性

図3.2　ロータ巻線に直流電流を与えると同期モータになる

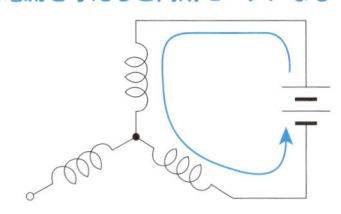

図3.3 短絡整流子型誘導モータ：高速になってから遠心力によってすべてのブラシが短絡する機構を備えたモータは反発始動モータとしても知られる。この原理はトムソン（Elihu Thomson）によって発見された。彼は1893年に会社を設立し、エジソンとのと特許紛争をきっかけとして両社が合併、General Electric を創立した

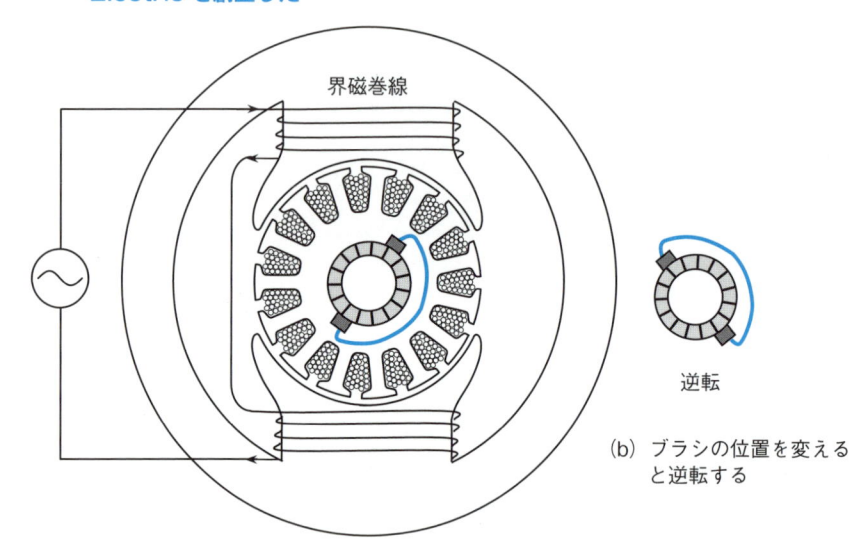

(a) 界磁巻線は交流電流を流してブラシ間を短絡すると回転する

(b) ブラシの位置を変えると逆転する

図3.4 6コイル集中巻ステータを使って反発始動モータを実験する

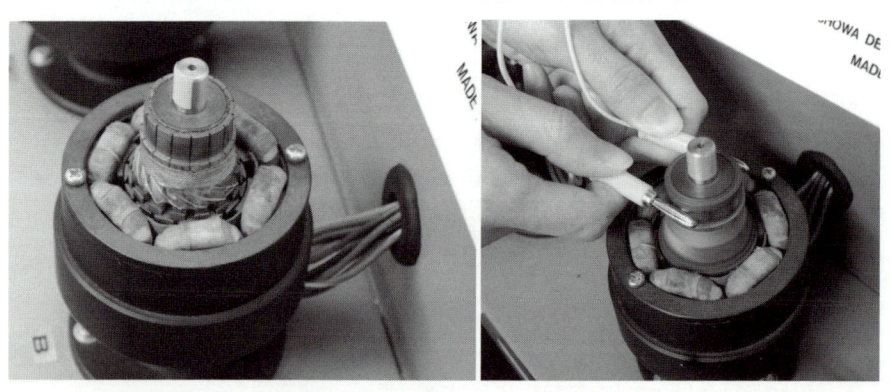

(a) ここでは6個のうちの4個のコイルを使って2極界磁を形成している。これに交流電流を流しているが、ロータは止まっている

(b) 整流子をこのように短絡すると回転する

●3.1.2　短絡整流子型誘導モータ

　二次巻線に誘導される交流と一次側の磁界の作用によってトルクを発生するモータの一つで、すっかり忘れられたのがこのモータです。

　図3.4の写真は、筆者の設計したメカトロラボでこのモータの実演をしているところです。ここではステータはユニバーサルモータと同じような2極構造の巻線を備えて、これに50/60Hzの単相交流電流を流します。これに直流モータ用のロータを挿入しているのですが、それだけでは回転しません。

　ところが、同図(b)に示すように、2個のブラシ間を短絡すると勢いよくまわります。しかもブラシの位置を変えると逆転します。ブラシによる短絡は、籠型ロータの短絡環のような役割をします。ブラシの位置によって誘導が起きるコイルと電流の向きがきまり、これがトルクとその向きに影響します。

　このモータはある国である時代にある用途に利用されました。これは技術と社会背景を考える応用問題です。答えは7.1.4項にあります。

●3.1.3　表面導体型誘導モータ

　このモータは、構造としてはものすごく単純なモータです（図3.5）。円筒形の積層鋼板の周面に0.5mmぐらいの銅板をかぶせたものです。ステータの歯とスロットによるトルクむらを皆無にする構造です。

　このモータが使われたのは、制御技術としては交流を使ったアナログの時代で、レコードプレーヤの低速ダイレクト駆動です。その後、この用途には永久磁石を使ったブラシレスモータが発展したので、この誘導モータの商品寿命は短かったです。しかし、このモータの理論解析は、誘導モータの基本中の基本事項と、ステータスロットの影響を正確に検証するためには絶好な試作というか教材でした。

　制御用として慣性モーメントを低いロータとして、銅あるいはアルミニウムのカップ状のロータとしたのが図3.5(b)のドラッグカップモータ（drug-cup motor）と呼ばれたものです。

図3.5　基本理論どおりの特性を示す表面導体型誘導モータ

スロットの悪影響をさけるためには閉スロット構造にする

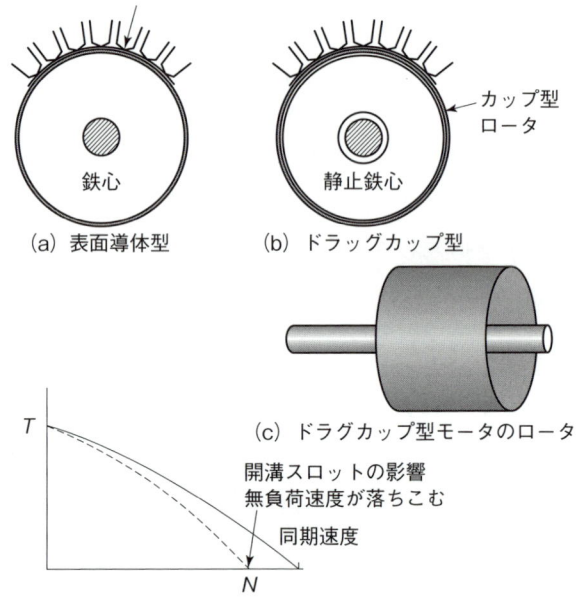

(a) 表面導体型

(b) ドラッグカップ型

(c) ドラッグカップ型モータのロータ

開溝スロットの影響
無負荷速度が落ちこむ
同期速度

(d) 籠型誘導モータのステータを使うとスロット開溝のために無負荷速度が同期速度よりずっと低くなる。

Column
「交流→直流→交流の歴史から学ぶ」

　ものの動きや位置を制御するためのモータが多種あります。これを制御用モータと呼びます。

　制御モータの歴史をふりかえると、初期のころは交流モータがよく使われました。やがて永久磁石を使う直流モータが主流になりました。なぜ交流が先だったのか？ それは直流よりも交流の方が精密制御がしやすかったためです。

　直流の制御がオペアンプの進歩で容易になり、強力な永久磁石が発達したために小型の直流モータが制御用に使われるようになり、今では定着した技術です。

　しかし直流モータ特有のブラシと整流子による火花や摩耗をきらって、永久磁石同期モータとインバータの組み合わせ技術が広い用途を確保しています。

　技術は流動的です。モータとその制御技術も例外ではありません。そのため、さまざまの基礎知識を身近に用意しておくことをすすめます。

3.2 円筒型ロータの素材と構造

似ている構造で異なる磁気特性の材料を使うとどんなモータになるかの事例を、典型的な場合で見てみます。図3.6(a)～(c)がロータの断面構造です。ロータの外側のリング状の部分がトルクを発生する原因を宿す材料です。共通点がいずれも鉄を主成分あるいは鉄との合金を成分としていることです。

図3.6 強磁性体をロータ面に使う構造の典型と使用素材の性質

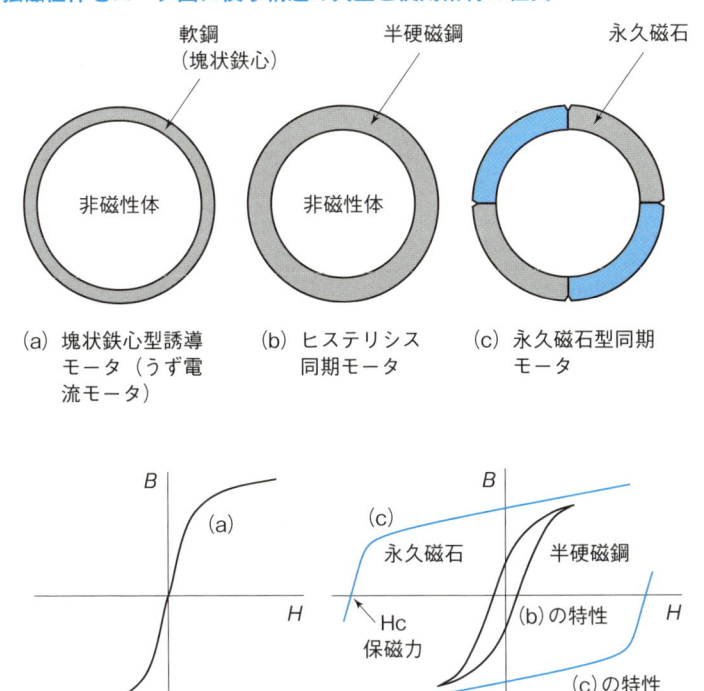

(a) 塊状鉄心型誘導モータ（うず電流モータ）　軟鋼（塊状鉄心）／非磁性体

(b) ヒステリシス同期モータ　半硬磁鋼／非磁性体

(c) 永久磁石型同期モータ　永久磁石

(d) 可逆 B/H 特性

(e) 非可逆 B/H 特性　永久磁石／半硬磁鋼／H_c 保磁力／(b)の特性／(c)の特性

● 3.2.1 渦電流モータ（eddy-current motor）

もっとも簡単な構造の交流モータが、図3.6(a)の断面構造をもつ誘導モー

図3.7 渦電流モータ（塊状鉄心誘導モータ）と特性例

(a)（左）ロータと（右）重ね巻ステータ

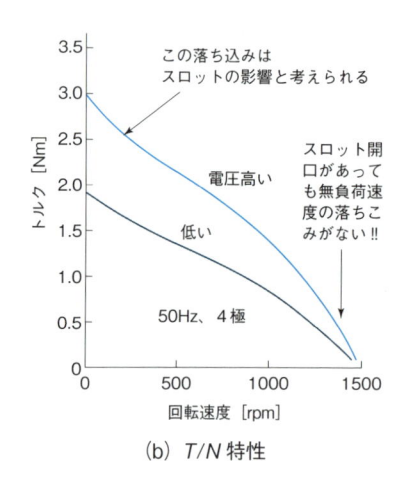

(b) T/N 特性

(c) 塊状鉄心型誘導モータの始動トルク対電圧特性を表面導体型と比べる。

タです。ロータの主要材料は軟鋼です。軟鋼（mild steel）とは透磁率が高くて、保磁力の低い鋼材のことです。珪素鋼板は、透磁率が高いという意味で代表的な軟鋼ですが、もっとも廉価なのが構造用炭素鋼です。珪素鋼板は誘導電流が流れにくいようにするために、薄い板状にして表面を絶縁皮膜で覆っています。それとは逆に誘導電流が流れやすいようにするために塊状にしたのが、このモータのロータ構造のもっとも重要な要素です。

　起動時に大きなトルクを発生し、速度の上昇とともにトルクが低下する特性を示します。ただし、先の表面導体型と同様に効率は良くありません。

　実際に使われた実績の多いのが図3.7(a)の写真に見るようなアウターロータ型です。このモータの利点は次の2点です

(1) 材料が廉価で構造が簡単
(2) 滑らかな回転

欠点というよりも特殊な性質というのがよいと思うのですが、T/N特性が図3.7(b)のような非線形です。

図3.7(c)は始動トルク対電圧の関係を両対数座標に示したものです。参考のために表面導体型と比べているのですが、直線の勾配に明らかな違いがあります。表面導体型では勾配が2.0です。つまり始動トルクは電圧の2乗に比例します。これは初歩的な理論で説明できます。

塊状鉄心を使う渦電流モータでは勾配がほぼ2.5です。つまり、始動トルクは電圧の2.5乗に比例します。このような鉄の不思議な性質を簡単な理論で説明するのは容易ではありません。

●3.2.2　ヒステリシス同期モータ (hysteresis synchronous motor)

ロータとしては図3.6(b)に説明しているように、保持力の低い半硬磁鋼を使用します。図3.8の写真には大きさの異なるロータを示していますが、いずれも東北金属製のALNI系の磁鋼を使っています。この磁鋼の生産は停止されています。ここには、今では入手困難な50年前のドイツ製アウターロータ型の写真を掲載してみました。これに使われている磁鋼の種類は確認していません。前章図2.14の写真は、ヒステリシスモータの同心巻ステータの事例ですが、ここでは3相重ね巻の事例です。

ヒステリシスモータは磁気ヒステリシス現象を利用して起動から同期速度に達する加速して、同期モータとして回転させるものです。これがテープレコーダのテープの走行に使われたのは1960～70年代で、当時としては、回転ムラや振動が非常に少ないモータでした。しかし、ビデオの時代に入って、より精密な定速性が必要になり、次に述べるSPM型モータをブラシレスモータとして定速駆動する方法によって、ヒステリシスモータは駆逐されました。

これも今では古い技術ですが、ロケットやミサイルの姿勢制御の基準軸として、小型のヒステリシスモータが使われました。

現在では、特殊な磁鋼を保有できるメーカでないと製造できないモータです。

ヒステリシスモータの最大の利点は、ロータの構造が単純で駆動システムの部品点数が少ないために信頼性が高いことです。多数のモータを同時に定速駆動するとき、1台のインバータで、しかも簡単なスイッチング技術があれば十分です。なにしろ、特別な制御なく自己起動して同期速度に入ることが最大のメリットです。

　強い永久磁石を使ったモータを高速で定速運転する技術がブラシレスモータですが、そのシステムを構成するための電子部品点数は大変に多いです。部品1個に劣化や損傷が起きると精密制御の機能が失われます。

図3.8　いろいろなヒステリシスモータ

(a) 上：ヒステリシスモータとしては大型のロータと、下：小型両軸ロータ

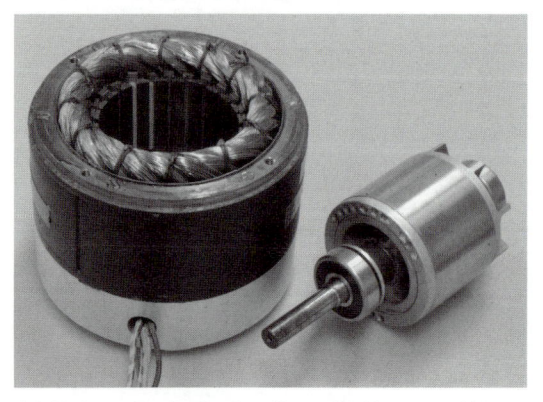

(b) 特殊な3相4極重ね巻を使った事例（ステータ外径100mm）　(c) ドイツ製3相重ね巻ステータ

●3.2.3　SPM（surface permanent-magnet）型ロータ

先の図3.6(c)は、ロータ表面に強く着磁された永久磁石を張り付けた構成です。このモータは永久磁石同期モータ、あるいはブラシレスDCモータとして知られているものです。モータの分類上の名称の一つが交流モータの一形式であり、一方が直流モータだというのは、おかしなことですが、ここにはモータというものの本質的な真理が宿されていると考えるのがよいかと、筆者は思います。

●交流と直流の隠された真理

どんなモータでも、巻線には交番電流が流れます。一つだけ例外を語っておく必要があります。それは本章の最初に挙げた巻線型誘導モータの2次巻線です。ここに流れるのも電磁誘導によって発生する交流です。

このロータが同期速度近くまで加速されたときに、スイッチを使って外部電源によって直流の電流を与えることができます。すると同期モータになります。現在では小型・中型の同期モータには巻線と電流による界磁ではなく永久磁石を使いますが、大型では、巻線を使います。水力も火力も原子力にしても発電機は同期発電機であり、巻線界磁式です。

永久磁石を使わない直流モータの界磁も巻線と直流電流で形成します。これらのモータでも、電機子巻線には交番電流が流れます。

さて、問題は、この交番電流をどのように巻線に供給するかです。50/60Hzの送配電網の電流をそのまま使うのが、昔からの同期モータです。これは交流モータの一種です。第5章で語るインバータで形成する交流を使うのが、ブラシレスDCモータだといえます。理由は、インバータの電源は直流だからであり、ロータの回転位置を直接・間接に検出してその情報によってインバータのスイッチング素子のオンオフを制御すると、古典的な直流モータに類似のT/N特性が得られます。これがブラシレスDCモータの由来です。

●電気自動車用の特殊なSPM

これは小型でなく、中型に属するのですが、ユニークな構造のSPMの事例が図3.9(a)です。希土類磁石（サマリウムコバルト）をロータ表面に張り

付けた、文字通り多極モータです。このステータの歯はY字型です。第4.5および4.6節ではY字型の歯を使った集中巻の籠型誘導モータを論じますが、巻線に微妙な違いがあります。この違いはY字型の目的が違うからです。

　この構造では、Y字はコギングトルクの解消あるいは低減のためです。コギングトルクとは、ロータの永久磁石とステータの歯の相互作用によって起きるトルク脈動（むら）です。

●3.2.4　IPM（interior permanent-magnet）型ロータ

　図3.9(c)はハイブリッドEV（電気自動車）用のモータで、永久磁石の使い方の分類でIPM型と呼ばれる方式です。これは、これから述べるリラクタンスモータと永久磁石型モータを組み合わせて、磁石使用量を少なくする方式です。IPMについて語ろうとするとこれも1冊の本になりますので、専門書に譲りたいと思います。

図3.9 電気自動車用 SPM と IPM

(a) 28枚のサマリウムコバルト磁石を使った SPM（UQM 社製）

(b) 図4.13の Y 字型の歯を使った巻線と比較してほしい

(c) ハイブリッド EV 用 IPM（トヨタ自動車製）

3.3 リラクタンス同期モータ（reluctance synchronous motor）

リラクタンスモータは、最近になって注目されているモータですので、少し詳しく語ろうと思います。

●3.3.1 凹凸による磁気抵抗の変化と凸極性トルク

永久磁石を使わないモータの原理（トルク発生の原理）としては、
(1) ステータ巻線の電流とロータ巻線の電流の両方を外部から与える。典型としてユニバーサルモータ
(2) ロータに巻線の電流を電磁誘導によって発生させる。誘導モータのほかに、
(3) ロータには電流がなくても、ステータ電流が形成する磁界の通路に仕掛けをつくる方法

があります。これを凸（突）極性トルクといいます。これも詳しい説明には紙数が必要なので、参考書[1]、[2]を挙げることにして、ここでは基本的な数式による解釈と定性的な解釈を挙げることにしよう。

●磁気回路と数式

図3.10(a)の写真と(b)の断面構造の成層鋼板を使ったロータを取りあげます。多相巻線のうちのある1相に直流電流を流したとき、インダクタンスLが(c)のように、回転角θの関数になる場合には、インダクタンスが高くなる向きにトルクが発生します。トルクTは次式で表現されます。

$$T = \frac{1}{2} I^2 \frac{dL}{d\theta} \qquad (3.1)$$

ここでインダクタンスとリラクタンスの関係を説明します。表1.3にはインダクタンスの記号と意味を記したのですが、磁気エネルギーを蓄える要素です。電流あたりの鎖交磁束（磁束と巻数の積）が大きいほどインダクタンスが大きいです。モータの巻線に電流が流れるときに、磁束が大きくなる向きにトルクがはたらきます。ですからこのモータをインダクタンスモータと名付けてもよさそうですがリラクタンスモータと呼びます。

図3.10　2極リラクタンス同期モータにおける磁束の様子

(a) もっとも簡単な2極リラクタンモータ

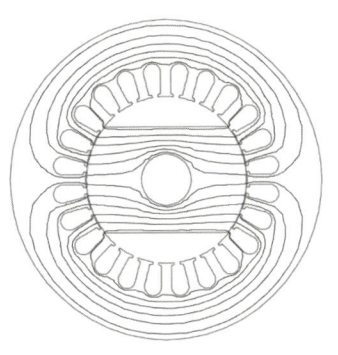

(b) 直軸の磁束

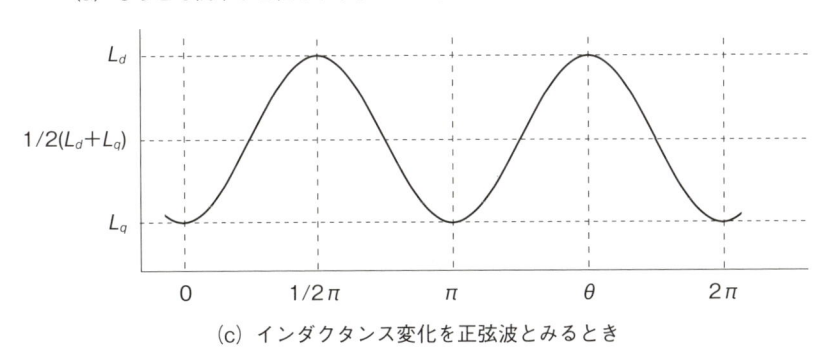

(c) インダクタンス変化を正弦波とみるとき

　インダクタンスが電気回路の用語であるのに対して、リラクタンスは磁気回路の用語で、しかもパーミアンスというパラメータの逆数です。一定の起磁力あたりに発生する磁束が大きいほどパーミアンスが高く、リラクタンスは低いです。つまりリラクタンスとは磁束のとおりにくさであり磁気抵抗のことです。リラクタンスモータは磁気抵抗が低くなる向きにトルクが発生する現象を利用するモータです。

●**直軸インダクタンスと横軸インダクタンス**

　インダクタンスの変化が理想的に正弦波になるときには、(3.1) 式の最大値は次式になります。

$$T = \frac{1}{2}I^2(L_d - L_q) \tag{3.2}$$

ここで L_d と L_q は、直軸インダクタンスと横軸インダクタンスと呼ばれる量です。ここで L_d/L_q はインダクタンス比と呼ばれ、大きいほど発生するトルクが大きいです。

● **磁力線の曲りと張力による解釈**

これを定性的に解釈する方法が第6章図6.3に示すように、磁力線がゴムひものように張力をもっているとする考えです。この図では磁力線がギャップに発生して、それが強い張力を発生してロータの鉄心構造を回転させようとするものと解釈します。

● **3.3.2　回転磁界の中にロータを入れる**

2相や3相の巻線のどれか1相だけに直流を流しているだけですと、ロータは整列状態に停止しようとします。

次に、第1章や第2章で見たように、多相交流を巻線に流すと磁界が回転します。低い周波数の交流であれば、ロータは磁気抵抗が低い状態を保持しながら回転するはずです。

4極回転磁界であれば、凸極の数は4個のロータでなくてはなりません。それを示しているのが図3.11です。

図3.11　4極リラクタンスモータ内での磁束がもっとも多いとき（4極巻数と4個の凸極をもつロータの組合せ）

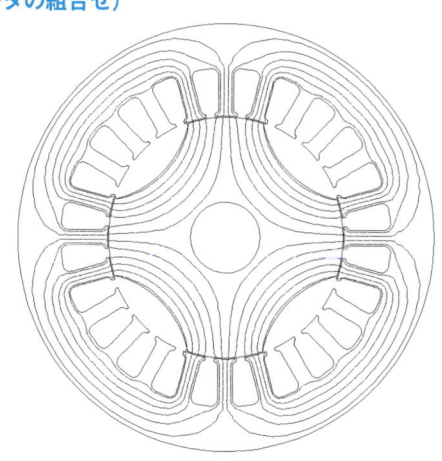

●3.3.3　籠型誘導モータからの変形

つぎはリラクタンスモータの実際の構造を見るのですが、これを2段階で進めます。

まず、籠型誘導モータからの変形であり、その実例が図3.12(a)の写真です。(b)は断面図です。これは籠型ロータの周面の一部を削り取るだけの構造のものだと思ってください。

このモータは、ヒステリシスモータと同じように自己起動型同期モータとして使われました。始動時には誘導モータとして回転し、加速して、回転磁

図3.12　籠型誘導モータを改造して作ったリラクタンス同期モータと籠型構造を変化した事例

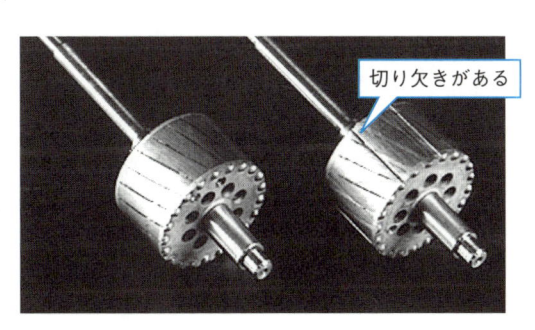

(a) 左：誘導モータ用　右：同期リラクタンスモータ用

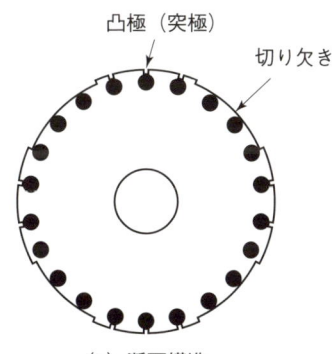

(b) 断面構造

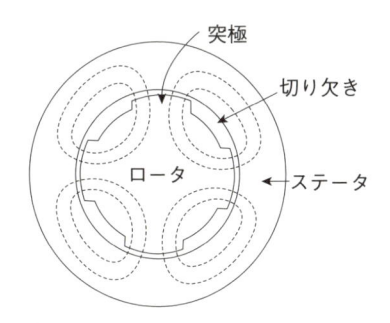

(c) 4極リラクタンスモータの磁束の分布

(d) ロータ内部に磁路のガイド（スリット）を形成してアルミニウムで充填した構造（珪素鋼板の鉄心を硝酸で除去した）

界とロータの断面構造の関係が図3.12(c)のようになった状態を維持して、同期運転するものです。

図3.12(d)はロータの表面ではなく、内部に磁束が通りやすいガイド（スリット）を作ってそこにもアルミウムを充填した構造です。

このような自己起動式のリラクタンスモータが利用されたのは、たとえば、大型コンピュータのハードディスクを一定の速度で回転するためのスピンドルモータです。これは動力モータではなく、負荷の軽い情報機器用モータであることに注意しましょう。

このモータは、運転時には電源周波数に同期して回転するもので、50Hz 地帯と60Hz 地帯で回転速度が異なります。

● 3.3.4　フラックスバリア型

動力を得ることを目的とするモータでは、インダクタンス比を大きくして直軸インダクタンスを大きくします。磁気抵抗（リラクタンス）がロータの位置によって大きく変化する状態を作り出して、大きなトルクが発生できるためには、図3.13のように磁束の通り道をしっかり用意するのが得策です。ロータ鉄心に空けた溝のことをフラックスバリア (flux barrier) と呼びます。

このモータでは、いきなり50/60Hz の交流電流を入れても起動できません。その解決には第5章で扱うインバータと位置フィードバックを取り入れて起動させる方法が採られます。

いま巻線に3相交流を流すと、ほぼ瞬間的に回転磁界ができて、例えば2極磁界では、1秒間に60回転の速度で回ります。ロータにフラックスバリアを作って導体を一切使わない構造では、ロータは慣性があるためにすぐに回りだすことが困難で、振動して耳にはうなり声のような音に聞こえます。

そこで、低い周波数の交流ならロータが起動できると想定します。どれほど低い周波数なのかが問題ですが、とにかくゆっくりと起動することができれば、起動して周波数をゆっくりと引き上げて高い周波数にすれば、それに応じた回転速度（同期速度）で回転するはずです。

この方法は、実際には困難というか予想外の現象が起きることがあります。そこで実際に使われる方法が、ロータの動きをセンサで監視しながら自動的に周波数を高くしてゆく方法です。このように周波数が広い範囲で可変とす

る方法では、周波数にほぼ比例して電圧も調整する必要があります。

　電圧と周波数を調整する方法は第5章のテーマです。インバータと位置センサの利用によって、ロータに銅やアルミを使わない構造の研究がさかんにされました。これが今日のリラクタンス同期モータです。

図3.13　フラックスバリア型ロータを用いる同期リラクタンスモータ

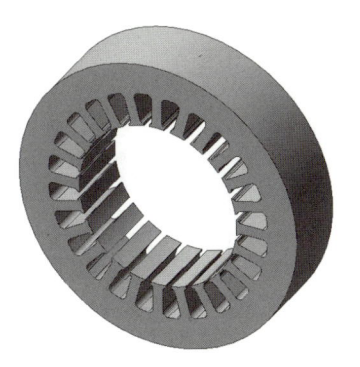

(a) 中を見る

(b) ステータとロータの鉄心

Column
「リラクタンスの意味」

　英語の reluctance とは、磁気抵抗のことです。つまり、ある起磁力（電流と巻数の積 Nl）をかけたときに、全体の磁束（あるいはギャップをとおる磁束）ができにくい状況を、リラクタンスが高いと言います。ロータには、リラクタンスが低くなろうとする方向にトルクがはたらきます。電気工学や電磁気学には、いろいろな「…タンス」と名付けられたパラメータが使われます。電気回路では、コイルや巻線に磁束が発生しやすい状態はインダクタンスが高い状態です。それは磁気回路ではリラクタンスが低い状態です。

さまざまな　電磁気タンス

	カタカナ	日本語(漢字)	中国語	意味
resistance	レジスタンス	電気抵抗	電阻値、阻値	電流の通りにくさ
reluctance	リラクタンス	磁気抵抗	磁阻	磁束の通りにくさ
inductance	インダクタンス		電感(値)、感値	鎖交磁束と電流の比
permeance	パーミアンス		磁導	リアクタンスの逆数
reactance	リアクタンス		電抗	交流の電気抵抗
conductance	コンダクタンス		電導	レジスタンスの逆数

3.4 低速同期モータ

SPM型モータにしても同期リラクタンス型モータにしても、100V50/60Hzを直入れして同期運転するのは困難です。その理由は磁極数がせいぜい8ですから60Hzの同期速度ですと、1秒間に15回転で、いきなり負荷を担って、この速度に入ることは困難です。

簡単な構造で極数を大きくし、同期速度を低くして、100V50/60Hzを直入れ起動させるのが低速同期モータです。この方式に使われるのが誘導子です。

●3.4.1 インダクタ（誘導子）とは何か

磁石には必ずN極とS極があります。Nは北極（North Pole）、Sは南極（South Pole）を表します。しかしこの状況は、電荷にプラスとマイナスがあることとは本質的に違います。マイナス電荷をもつ電子を一カ所に集めるということは不可能ではありません。磁石の場合にはSがあれば近くに自動的にN極が誘導されます。

ユニポーラ永久磁石あるいは電磁石があって、磁極の近くに局所的にS極が強くなる構造を作ると、また近くにN極が誘導されて発生します。そういう装置が誘導子です。ここでは2つの代表的な誘導子を取り上げます。

●クローポール

圧倒的な生産量を示すのがクローポール（claw pole）としても知られているステータの鉄心構造です。まず図3.14が小型の典型です。(a)は基本的なパーツです。板金加工で形成されたクローポールが見えます。リング状のコイルの様子を(b)、(c)に描いています。(b)のような単純な構造で、コイルに電流を流すときにできる磁界をunipolar（単極）と呼びます。上がN極であれば下はS極です。電流の向きを変えると極性は逆転します。

ところがクローポールを付けると図3.14(d)のように、クローポールの数だけ磁極が発生し（誘導され）ます。

図3.14 クローポール型2相同期モータ（PM型ステッピングモータの構造と基本的に類似）

(a) リング状コイルとクローポール

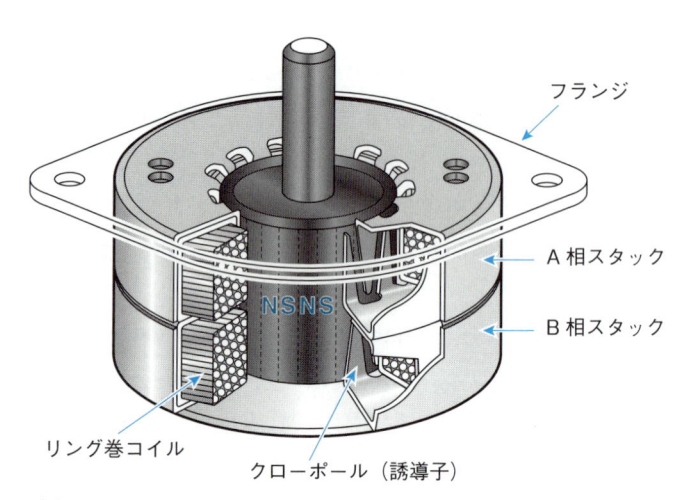

(b) モータの構造

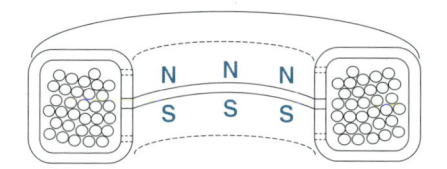

フランジ
A相スタック
B相スタック
リング巻コイル
クローポール（誘導子）

(c) リング状コイル；このようなスリットでは単なるユニポーラ磁界になる

(d) クローポール 電流が流れるとこのように磁極（ヘテロポーラ）ができる

図3.14(b)は同じピッチの磁極（NSNS…）をもつ永久磁石のロータを挿入した様子を示すものです。このような磁極を、unipolarに対して、heteropolarといいます。誘導子とは、unipolar磁界からheteropolar磁界を誘導する鉄心構造であると言えます。クローポールがその一つです。図3.14(a)〜(c)ではリング状に巻いたコイルとこれを組み合わせることによってNSNS……の多極ヘテロポーラ磁界が誘導されることがわかります。

　ロータとしては、(b)に見るように、リング状の磁石の側面を細かく着磁させたものを使います。

　図3.14(a)の構造で小型のものは、速度センサとしても利用されることがあります。これは回転速度に比例した周波数の交流からパルスを作り出して速度信号するためです。

　クローポール型誘導子は、第7章の図7.3でとりあげているように、昔から高周波発電機としても知られています。それは低い回転数で高い周波数の交流を発生する装置です。

●3.4.2　実際の構造

　種々の小型モータの中で、板金加工で大量に製造されるのがこのモータです。構造の変遷を示すのが図3.15の写真です。モータとして駆動するためには図3.14(a)のステータを2段積みします。それが図3.15の(a)です。この構造を作りやすくしたのが(b)ですが、最終的には(c)のようなsingle-can typeと呼ばれる製造法になりました。

　この形式のクローポール型の多くが、ステッピングモータとして使われます。その場合、ほとんどが2相励磁運転と呼ばれる駆動法であり、それならば(c)の構造でOKです。1相励磁を併用するときには(a)の構造が望ましいです。

　このモータを単相50/60Hz電源を使う同期モータとするのが低速同期モータです。それは第4章の課題として取り上げるコンデンサラン方式です。

　50/60Hzの交流直入れによって起動して同期運転に入る方式にするか、ステッピングモータ用にするか、使用材料のことを含めて細かい技術課題はあって当然ですが、大きな違いは巻線に使うエナメル線の選定と結線法にあります。

図3.15　クローポール型の進化

(a) two-can 型　　　(b) 中間型　　　(c) single-can 型

●3.4.3　ハイブリッド・ステッピングモータ型（hybrid type）

　次に見るのは、ロータに誘導子を組みこむ方式です。それを示すのが図3.16です。磁石は、アルニコ磁石の場合には、長さが必要なために円筒状で長さ方向に着磁されます。このような磁界をユニポーラ（単極）と呼びます。希土類の場合には保持力が高いので薄くできます。磁石の両端に細かい成層鋼鈑で作った歯の構造を取り付けるのですが、これが誘導子です。歯に磁極が誘導されます。一方にＮ極が多数誘導されると他端には同数のＳ極が誘導されます。Ｓ極とＮ極では歯が180°ピッチでずれていますから、軸方向からみる図(b)のように、細かなNSNSNSNS……つまり多極（hetero polar）構造が形成されていることと等価になります。

　これをロータとして駆動するステータ構造には、電磁石の誘導子を使います。これが図3.16(b)ではステータに４個のポールがあって、歯が刻まれています。(c)の写真では８個のポールがあって細かな歯が見えます。いずれも２相モータです。図(d)は実際に近いロータの構造図です。この構造のモータは、今日ハイブリッド型ステッピングモータとしても知られているものです。

　図3.17に示す教育機器として設計されたものでは、ステータに６個のポールを備えて３相巻線を設置しています。

　ハイブリッド・ステッピングモータのステータ構造と筒状フェライト磁石を組み合わせたモータもあります。図3.18の写真は誘導子型ロータと筒状磁石のロータを比較しているものです。ここには筒状磁石の表面の着磁の様子

図3.16 ロータを誘導子とする同期モータ

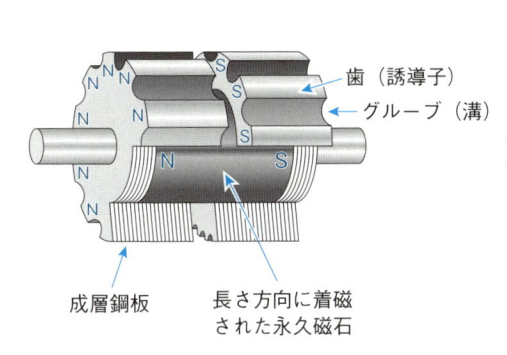

(a) 誘導子の意味
- 歯（誘導子）
- グルーブ（溝）
- 成層鋼板
- 長さ方向に着磁された永久磁石

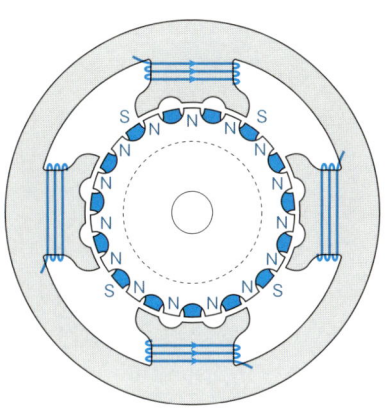

(b) 軸方向から見ると細かな着磁が周面にされているのと等価

(c) ステータに8個のポールをもつ形式

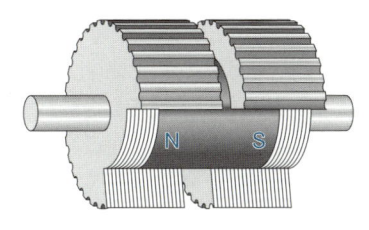

(d) 実際にはこのように細かな歯とする：希土類磁石を使う場合は磁石はうすくてコイン状にする

も示しています。この着磁パターンは極異方性(きょくいほうせい)と呼ばれるもので、ロータの内側には磁束が出ないで、外側には出るようにしています。外側の磁束とステータの誘導子が作用してトルクがはたらきます。

● **誘導モータと誘導子モータ（induction motor vs. inductor motor）**

この二つは言葉として大変に似ているのですが、専門家にとっては全然違うモータです。

誘導モータは、電磁誘導を利用するモータで、中国語では異歩電動機です。誘導モータは同期モータ（同歩電動機）に対して非同期モータ（異歩馬達）ということもあります。実際、中国では異歩馬達が一般的です。誘導子モータは、磁気誘導を利用して unipolar field から hetero-polar field を誘導した多極構造を利用する同期モータで、中国語では感応子電視台機です。

Column
コギング解消のためのグルーブ

ステータの歯（あるいはポールとも）に刻んだ溝をグルーブ（groove）と呼びます。この目的がコギングトルクの低減の場合があります。図3.9(a)のY字型の歯を使っているのですが、これはスロット数を2倍にしてコギング（cogging）の周波数をあげる結果としてコギングの大きさが低減されるというものです。図3.19はグルーブの刻み方に様々あることを示唆しています。筆者（見城）は理論解析と数値計算による確認をしてみました。その結果、コギング解消のためのグルーブにはより適切な形状があることがわかりました。

図3.17 教育機器として設計された3相低速同期モータ；ステータには集中巻の6個のポールがあって2個のグルーブが刻まれている。ロータは厚み方向に着磁されたフライト磁石と積層珪素鋼板で作られた誘導子から構成される

グルーブを刻んだステータポール

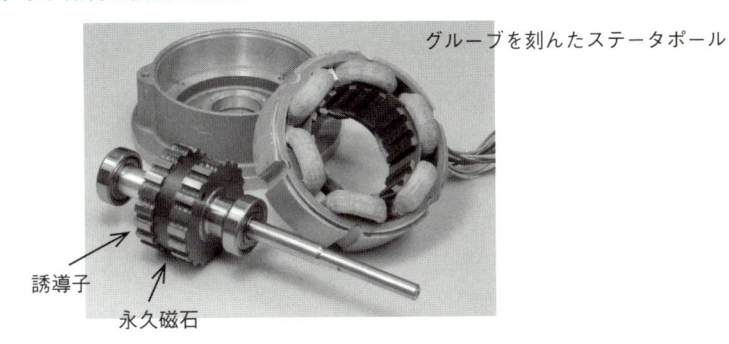

誘導子
永久磁石

図3.18 誘導子型ロータと筒型磁石ロータ

(a) 左：誘導子型ロータと右：筒型

(b) 磁石表面に多極着磁されている（マグネットビュアーで磁極の境界をみる）

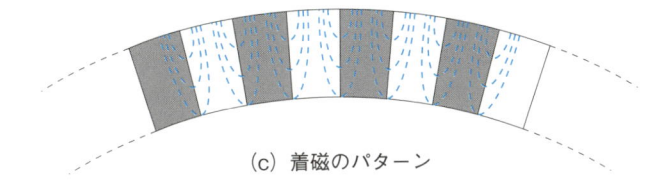

(c) 着磁のパターン

図3.19 コギング解消のためのグルーブと誘導子利用との違い：左の歯は通常の形，中央はグルーブを4個刻んだ方式，右は2個刻んだ方式

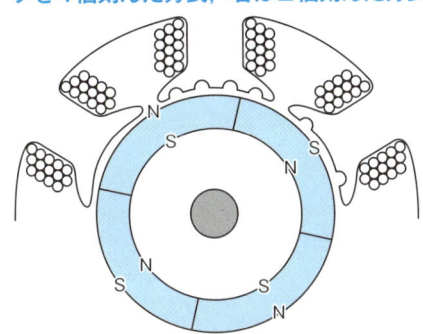

3.5 隈取型誘導モータ（shaded pole motor）

本章の最後に特殊誘導モータとして使われている隈取型(くまどり)誘導モータを取り上げます。これは単相交流をそのまま使って回転する籠型誘導モータです。図3.20の写真に見えるように、ポールの端に短絡環（線輪）を取り付けただけのモータです。このモータは隈取線輪型モータとも呼ばれたことがあります。

短絡環に電磁誘導が起きてここに電流が流れるのですが、電源の電流に対して隈取線輪には約90°位相の遅れた電流が流れます。線輪の位置が空間的に主相からはずれた位置にあるために、不完全ながらも回転磁界が発生します。それによって籠型ロータが回転します。

簡単な構造ですが、効率が低いのが難点です。

図3.20　隈取型モータのステータとこのモータを使うファン

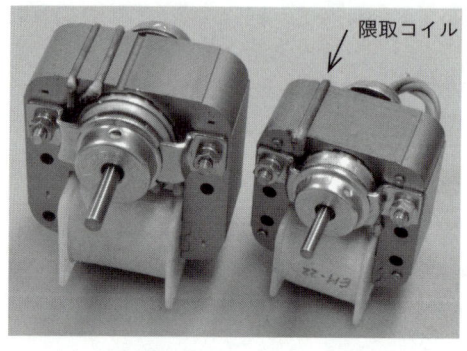

(a) 隈取線輪が2個のものと1個のもの　　(b) ファンの駆動

◎第3章の参考資料
[1]武田洋次、松井信行、森本茂雄：埋込磁石同期モータの設計と制御、オーム社
[2]見城尚志：SRモータ、日刊工業新聞社

第4章

単相モータと駆動法

　第2章では3相交流を使うモータ駆動を学んだので、ここでは単相電源を使う交流モータを語ることにします。また2相交流を使う方法の一つに速度を調整したり、フィードバック制御と組み合わせて位置きめ制御をする交流モータがあります。これの面白い事例も見ることにします。

　最後に、天井に取り付ける扇風機に使う特殊な単相籠型誘導モータのことと、台湾小型モータ産業の一端を紹介します。

4.1 コンデンサの機能

単相モータの運転にとって重要な素子がコンデンサ（condenser）です。そこで、まずコンデンサとは何か、これを見ることにします。蛇足ですが、英語ではコンデンサはcapacitor（キャパシタ）と言うのが普通です。

コンデンサは、端子を2つもつ電気・電子回路素子です。図4.1にはコンデンサの構造と基本的な物理的機能（次の3点）を示しています。
(1) 静電エネルギーとしてエネルギーを蓄える
(2) 交流電流の位相を進める
(3) 電気ノイズを吸収して電圧を安定化する

これらの事柄を数学を使って説明するとき、コンデンサの端子間電圧 v_C とコンデンサに流入する電流 i の関係を表す次式が基本になります。

$$v_C = \frac{1}{C}\int_0^t i\,dt \tag{4.1}$$

ここで右辺の積分 $\int_0^t i\,dt$ は、時刻が現象の開始0から t までに流れ込んだ電荷量 Q ですから、電荷と電圧の間の基本関係は次式で与えられます。

$$Q = Cv_C \tag{4.2}$$

一方、(4.1)式の両辺を微分して左右いれかえると

$$i = C\frac{dv_C}{dt} \tag{4.3}$$

になります。

ここに現れる比例係数 C が、静電容量と呼ばれる基本的なパラメータです。ノイズが紛れ込む回路にコンデンサを適切に配置すると、コンデンサがノイズによる電流（電荷）を吸収します。上の(4.2)式からわかるのですが、電荷の変化 ΔQ が起きても C が大きいと、Δv_C は小さいのでコンデンサ端子間の電圧の変動が小さくなります。これがノイズを吸収する原理です。

● **4.1.1　巻線に起きる位相遅れの解消**

コンデンサ端子間の電圧が交流であり、正弦関数

図4.1 コンデンサの内部構造とはたらき、記号。単相交流モータに使うのは(イ)の固定コンデンサである。(ロ)の電解コンデンサは第5章で扱うインバータに使う。

　コンデンサの構造は原理的には金属の箔が誘電体フィルムをはさんで互いに接触しないで狭い距離で対面しているだけである。たとえば、2枚のアルミニウム箔に薄いマイラーフィルムをはさんで巻いたものである。(フィルムは、電気を流さない絶縁体であるが、コンデンサの目的のときには誘電体と呼ぶ)

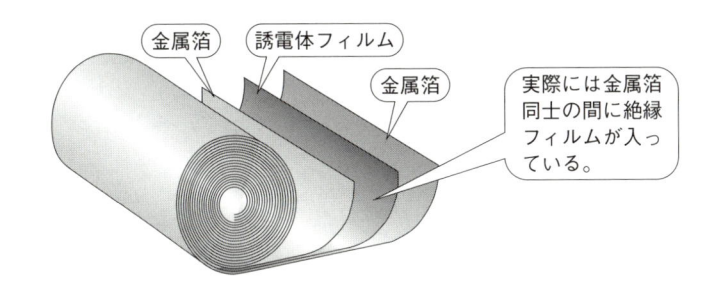

（a） フィルムコンデンサの内部構造

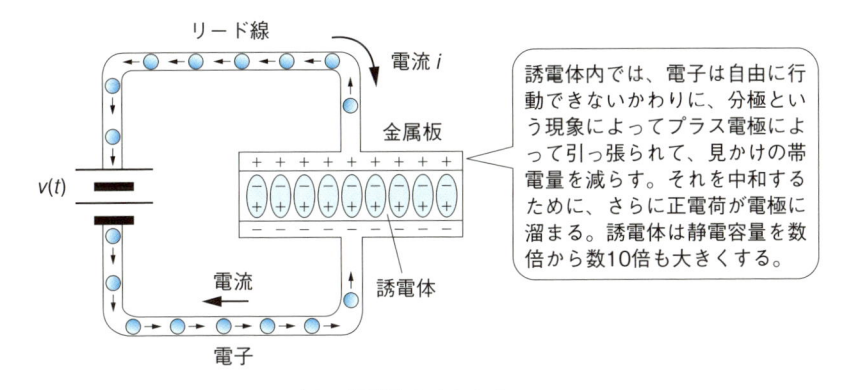

誘電体内では、電子は自由に行動できないかわりに、分極という現象によってプラス電極によって引っ張られて、見かけの帯電量を減らす。それを中和するために、さらに正電荷が電極に溜まる。誘電体は静電容量を数倍から数10倍も大きくする。

（b） 誘導体のはたらき

（イ）固定コンデンサ　　（ロ）電解コンデンサ　　（ハ）可変コンデンサ　　（ニ）半固定コンデンサ

（c） 記号：電解コンデンサには電解質の斜線と極性を記す

$$v_C = V\sin(\omega t) \qquad (4.4)$$

で表されるとします。

これを時間 t で微分して、(4.3) 式から電流は次のように余弦関数、あるいは $\pi/2$ の進み位相の正弦関数になります。

$$i = \omega VC \cos(\omega t) = \omega VC \sin\left(\omega t + \frac{\pi}{2}\right) \qquad (4.5)$$

このように、コンデンサの端子間の電圧と電流の関係は、図4.2に示すように電圧に対して90°の位相差があり、電圧よりも位相が進んでいます。

モータの巻線にはインダクタンス成分が多いので、電圧に対して電流が位相的に遅れます。そこでコンデンサを直列に接続すると、コンデンサの進相効果によって電流の遅れが解消されたり、進みになったりします。この効果のために、**進相用コンデンサ**という用語があります。

●4.1.2　静電エネルギー

静電エネルギー P_E とは、電圧に逆らって電流を流しこんだ物理作用ですから、次式で定義されます。

$$P_E = \int_0^t v_C \, i \, dt \qquad (4.6)$$

数学的なテクニックを使うと次の結論が得られます。

$$P_E = \int_0^t v_C \left(C \frac{dv_C}{dt}\right) dt = C \int_0^t v_C \left(\frac{dv_C}{dt}\right) dt = C \int_0^t v_C \, dv_C = C \int_0^{v_c} \frac{1}{2} dv_C^2$$

$$= \frac{1}{2} C v_C^2 \qquad (4.7)$$

静電エネルギーは $(1/2)Cv_C^2$ です。端子間電圧が同じであれば、静電容量 C が大きいほど蓄えらえるエネルギーが大です。

●4.1.3　実際に使われるコンデンサ

単相モータのために使う進相用コンデンサとしては、MP (metalized paper) コンデンサとして知られるものを使います。図4.1で見るフィルムとして薄い紙を使うものです。

このコンデンサには静電容量と耐圧が記されています。静電容量の実際値

図4.2 抵抗、インダクター、コンデンサにかかる電圧と電流の位相関係

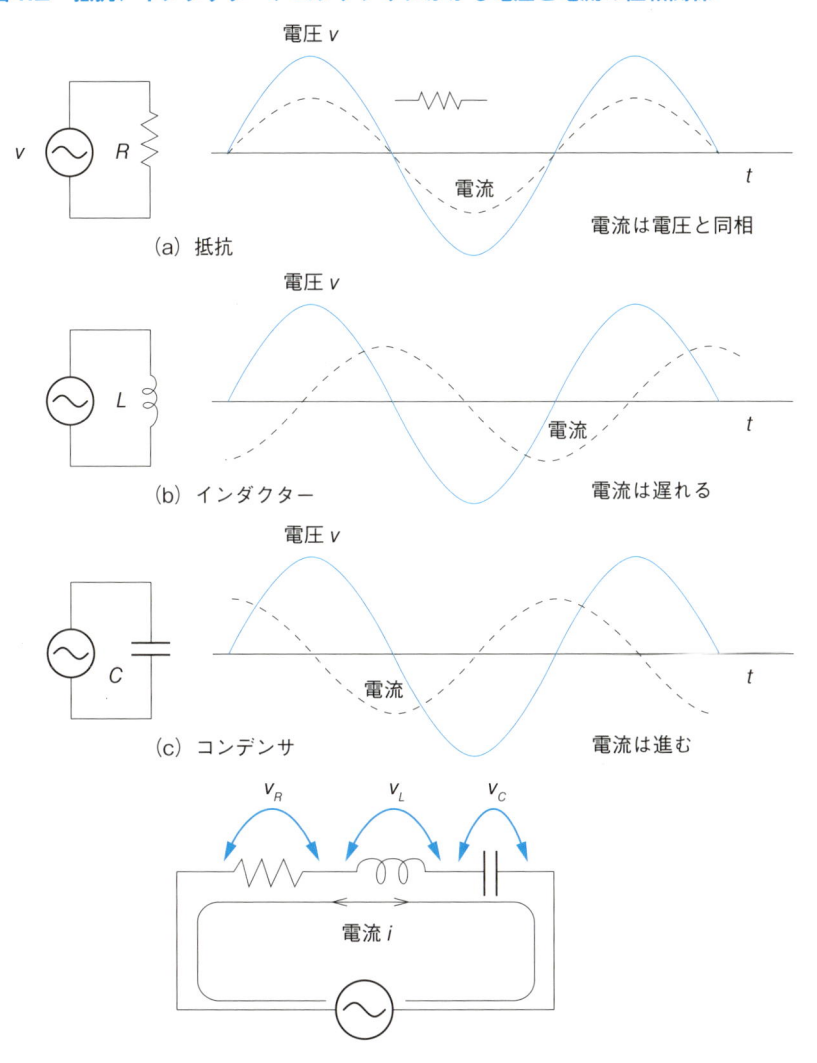

(a) 抵抗　　電流は電圧と同相

(b) インダクター　　電流は遅れる

(c) コンデンサ　　電流は進む

(d) このように電流を共通にするとv_Rは電流と電流と同相、v_Lは進相、v_Cは遅相になる

としては1〜10μFの範囲です。耐圧は100V電源で使う場合でも500Vぐらいのものを使います。後の図4.4(a)が最も代表的な結線ですが、コンデンサ端子間電圧が実効値で200Vを超えることがあり、ピーク値は300Vぐらいにもなるからです。

4.2 コンデンサランモータ

　本来は3相など多相交流電源を必要するのが望ましい誘導モータを、単相電源で駆動するというには工夫が必要です。いろいろの工夫があったのですが、いずれも、単相交流からコンデンサを使って2相交流、あるいは3相交流をつくりだして、それを使おうというものです。このような方式のモータを capacitor-run motor というのですが、ここではコンデンサランモータと表記します。

　では2相交流とするか3相にするかですが、あとで説明する2相方式が圧倒的に多いです。最初に少ない3相式の説明から始めることにしましょう。

●4.2.1　3相方式

　まず、単相モータは小型モータです。小型の3相モータは、図4.3(a)(b)のようにコンデンサ1個をうまく使うだけで、単相交流電源で駆動することができます。3相巻線の結線の方式としてΔ（デルタ）結線でもY結線でもよいのですが。次の違いがあります。

(1) 各相の2つの端子（合計6端子）がリード線によって外部に出ていれば、結線替えによってΔにもYにもなる。その場合、それぞれの結線に適した電圧とコンデンサ容量がある。

(2) 多くの場合には結線替えをしないので端子は3本であり、内部の結線

図4.3　3相巻線型コンデンサランモータの結線

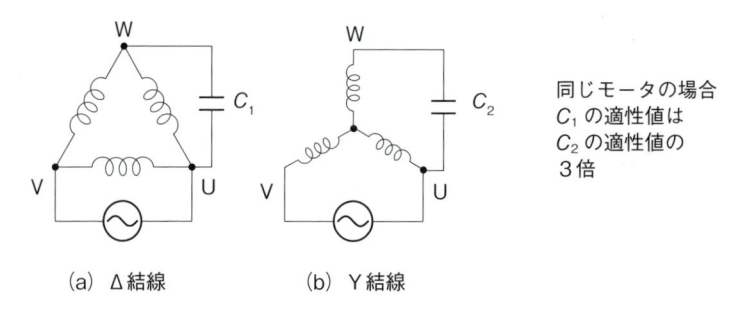

(a) Δ結線　　(b) Y結線

同じモータの場合
C_1 の適性値は
C_2 の適性値の
3倍

方式は基本的にはYである。

この方式を使っているのは伝統的にドイツです。これはコンデンサ容量の適正値の問題が関係しますので、このあとで解説します。

●4.2.2　2相方式

日本、アメリカ、台湾では2相巻線方式がよく使われます。その場合のコンデンサの使い方を示すのが図4.4です。

●直列挿入と並列挿入

巻線とコンデンサの接続法として、直列方式と並列方式があります。広く使われるのが並列方式です。この方式では電源に直接接続される巻線を主巻線（main winding；記号M）と呼び、コンデンサが直列接続される巻線を補助巻線（auxiliary winding；記号A）とします。

図4.4(a)は主巻線と補助巻線を並列にして、補助巻線にコンデンサを直列接続するのに対して、(b)では主巻線と補助巻線を直列にして、主巻線と並列にコンデンサを接続します。

その結果、

(a)では、主巻線では電流は電源電圧よりも位相が遅れ、補助巻線では位相が進み、両方の位相差をほぼ90°にする。2相モータではこの方式が圧倒的に多い。

図4.4　2相巻線型コンデンサラン方式と直列・並列切換え方式

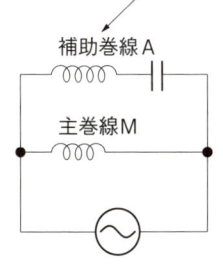

(a) 巻線並列・コンデンサ直列

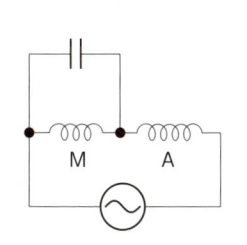

(b) 巻線直列・コンデンサ並列

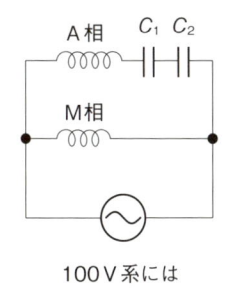

(c) 巻線並列・コンデンサ直列方式　100V系には

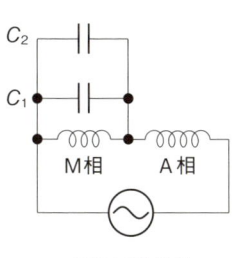

(d) 巻線並列・コンデンサ並列方式　200V系には

(b)では、主巻線の電流が補助巻線とコンデンサに分流しますが、このときコンデンサには位相が進んだ電流が流れやすいので、補償として補助相の電流は位相的に進む。主巻線での電流位相を90°にするためには、大きなコンデンサによって進み電流をつくりだす必要があるので、コンデンサの容量が大きくなりやすい。3相モータは並列挿入方式に近い。

今では珍しい事例として、図4.4(c)(d)のように、コンデンサを2個使って、結線替えによって2つの電圧に対応させたモータが量産されたことがあります。用途はフロッピーディスクのスピンドルモータでした。

●4.2.3 静電容量の適正値

コンデンサランモータにとって、適正なコンデンサ容量という課題があります。まず、その意味を図4.5で理解しましょう。

第1章で、単相交流の電力は正弦波状に脈動していることを見ました。またコンデンサには電力が出入りしているのですが、電力の消耗はありません。その様子を語るのがこの図です。

コンデンサが脈動電力のバッファーになって、モータに供給される電力は時間的に変化しないことが理想です。するとモータ軸から得られるトルクも滑らかになります。

では、コンデンサ1個によって、この理想が実現できるかどうか？　できない場合がほとんどです。特定の条件が満たされたときだけ実現します。そのためにモータの解析と設計という仕事があるわけです

ユーザには、適正なコンデンサ容量がカタログなどの資料のどこかに記載されているはずです、わからないときにそれを簡単に見つける方法をここに示します。

●(1) 3相巻線型の場合

$1 \sim 10 \mu F$ ぐらいのいくつかのコンデンサを用意して、図4.6(a)に説明しているように3端子間の電圧を調べてみて、大体バランスがとれるようなコンデンサ容量が適正値です。

この三角形は正三角形になるのが理想ですが、巻線インピーダンスの位相角が60°でないとそうはなりません。大型の産業用モータで60°というのは望ましい値ではなく、もっと低くなる状態で駆動されます。そのようなモータ

を、このように1個のコンデンサで単相運転するのが好ましくない理由の一つがここにあります

◎Δ（デルタ）とY結線のコンデンサ容量と耐圧

　Y結線で仮に3μFとすると、Δ結線ではその3倍の9μFが適正値です。耐圧は電源電圧の何倍とするかの問題であり、結線方式には関係ありません。

　モータ制御用エレクトロニクスが未熟だったころ、ドイツでは3相小型モータでは1個のコンデンサだけでなく、2個使ったり、抵抗を併用したりする研究がされました。3相巻線方式には第2章で見た利点もあるのですが、単相運転では次の欠点のために日本ではほとんど使われません。

〈1〉120°の位相差を発生させるために必要な静電容量が大きくてコンデンサ

図4.5　コンデンサはモータに流入する電力変動のバッファーの役割をする

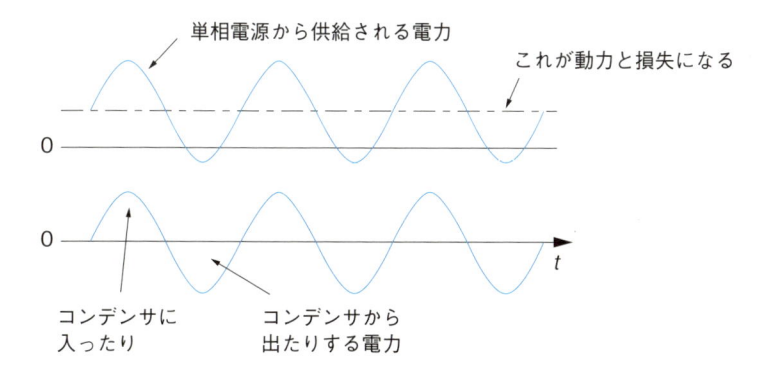

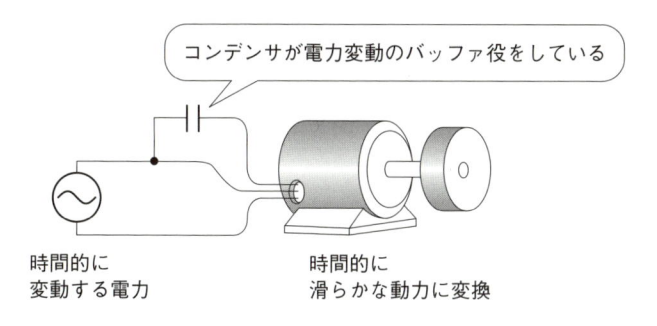

巻線のインピーダンスとコンデンサ容量が調整されていないと動力が電源周波数の2倍で変動する。

図4.6 電圧三角形を計測して最適容量を知ることができる

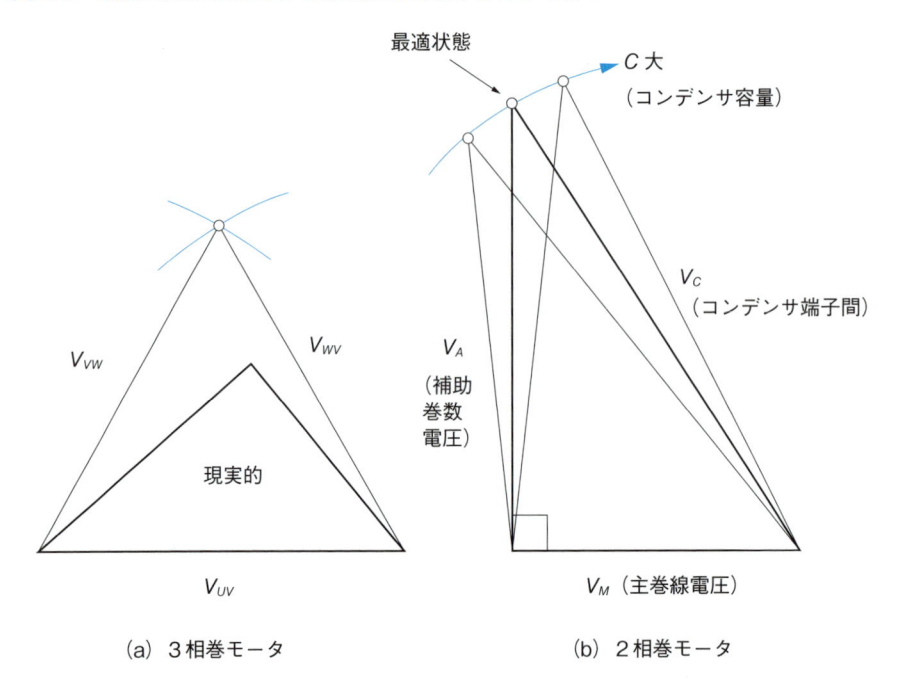

（a）3相巻モータ

3つの相の電圧がバランス（同じ値に）するのが理想的だが、インピーダンスの位相角が60°のときのみ実現する。

（b）2相巻モータ

電圧三角形がこのような直角三角形になるようなコンデンサ容量が最適値

自体の体格が大きくなる。欧州のように240V電源ならまだしも、日本の100V電源ではコンデンサの体格がモータと同じぐらいの大きさになる。

〈2〉3相の各相の巻数比を変えて適正なコンデンサ容量が選択しやすくなる可能性が小さい。

● (2) 2相巻線型の場合

電圧三角形が図4.6(b)のような直角三角形になるようなコンデンサ容量が適正値です。

● (3) 周波数による違い

日本では交流の周波数が、富士川を境に西は（アメリカ系の）60Hzで東は（欧州系の）50Hzです。

仮に50Hzで4μFが適正とすると、60Hzではそれを1.4で割った略3μF

が適正です。しかし、周波数によって適正容量が変わるのは面倒なので、エイヤーといって3.5μFとすることだってありえます。ある意味で単相誘導モータに使うコンデンサにはアバウトなところがあります。

●(4) 2相方式の並列結線と直列結線

先の図4.4(c)(d)でのコンデンサ容量の設定問題を解いておきましょう。

2相方式では、モータの使用状態のインピーダンスの位相角の関数として巻数比を設定すると適正コンデンサ容量を設定できます。

またこのときの適正容量比と電圧比は、それぞれ次式になります。

$$\frac{w_A}{w_M} = \tan\phi \tag{4.8}$$

ただし w_M は電源にそのまま接続されるM相(主巻線)の巻数、w_A はコンデンサが直列接続される接続されるA相(補助巻線)の巻数です。

適正容量比は次式です。

$$\frac{C_p}{C_s} = 1 + \tan\phi^2 \tag{4.9}$$

また電圧比は

$$\frac{V_s}{V_p} = \sqrt{1+\tan\phi^2} \tag{4.10}$$

ですが、下添記号 p と s はそれぞれ並列(parallel)100V系と直列(series)200V系を表します。

位相角 ϕ が60°の場合には(4.9)式からコンデンサの容量比が4になるので、2μFのコンデンサを2個使って、直列結線で1μFと、並列結線の4μFの切り替えができます。

(4.10)式から電圧比は2倍であり、100V系と200V系への切り替え対応ができることを暗示しています。

●4.2.4 逆転法

3相モータの回転方向を逆転するには、3個の端子のうちどれか2個の結線を入れ替えればよいことを第2章でみました。では単相モータの場合にはどうなるのでしょうか？

図4.7 コンデンサランモータの逆転法

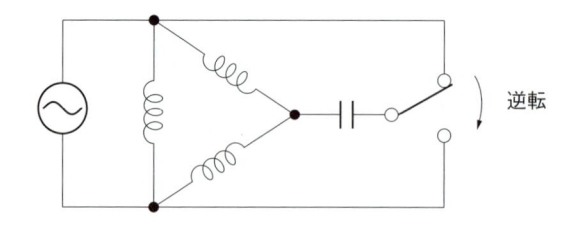

(a) 3相巻線型

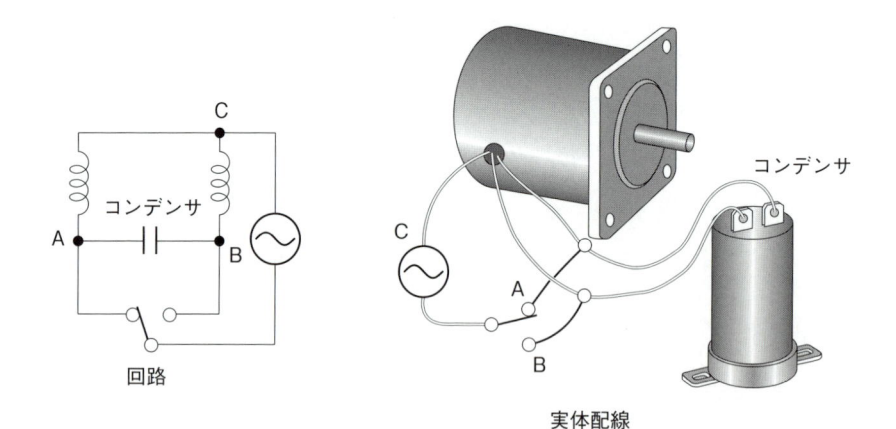

回路

実体配線

スイッチ1個による回転方向の反転：reversible motor

(b) 2相リバーシブルモータ

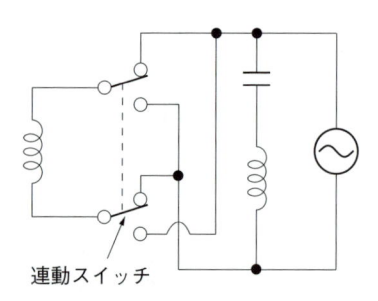

連動スイッチ

(c) 2相並列結線方式の場合

(1) 3相結線方式の場合

三相電源の場合と同じように2個の結線入れ替えで逆転します。しかし、もっと簡単なのが、図4.7(a)に示すように、コンデンサを接続する端子を切り替える方法です。

(2) 2相リバーシブルモータ（reversible motor）

2相巻線方式で、もっとも簡単なのが、図4.7(b)のようにコンデンサの端子の切り替え方式です。ただし、このモータは2つの相の巻線の巻数と線径が同じ方式になっています。これを reversible motor と呼んだことがあります。Reversible とは反転可能ということですが、簡単に反転できるという意味だと理解しましょう。商品としてのリバーシブルモータの中には、常にある程度の機械的なブレーキがかかっていて、逆転が速やかなものがあります。

(3) 通常の2相コンデンサラン方式の場合

主巻線あるいは補助巻線の接続を入れ替えます。その回路方式を示すのが図4.7(c)です。

4.3 始動用素子を使う方法

コンデンサは、誘導モータの交流モータの運転にとって重要な素子です。これを単相モータの起動のときにだけ使う方法があります。またコンデンサではなく抵抗器を始動の道具とする方式もあります。まず、その根源の意味を解説します。

単相誘導モータの不思議な性質として、1個の相の交番磁界だけでも回ることです。それは図4.8(a)に示すように、最初に回した方向に加速して同期速度に近い速度に達するからです。

数学的な原理を図4.8(b)の T/N 特性曲線で考察します。1相の巻線だけに交流電流を与えるということは、例えば水平方向に⇔のように左右に磁界が変化することになります。これは時計方向に回る磁界と反時計方向の時間が重なっているものと解釈できます。

この図の特性曲線 a は CW 磁界による T/N 特性です、b は CCW による T/N 特性です。両方を重ねた結果が太い線の特性曲線です。始動時のトルクは0ですが、少しでも正方向に回転すると正トルクになります。逆に少しでも逆方向に回転すると逆トルクになります。どちらの方法にしても同期速度に近い状態では、それほど悪くない回転状態であることが、この特性曲線から読みとれます。

● **4.3.1 コンデンサ始動**

そこで最初の回転を確実にするために補助相に進相コンデンサを直列接続して使って、動き出したら図4.9に示すようにこの回路を遮断するのがコンデンサ始動方式です。図4.9はコンデンサ始動モータのカットモデルです。

● **4.3.2 抵抗始動**

コストダウンのためにコンデンサに代わって、抵抗器を始動相に直列接続する方法があります。外部抵抗によって位相が進むのではなく遅れにくくなる効果を利用するものです（図4.10）。

図4.8 誘導モータの単相運転

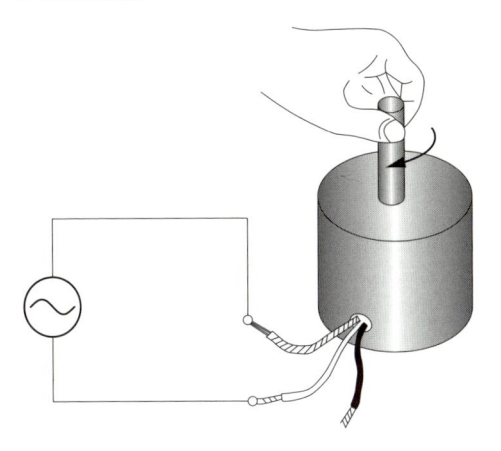

(a) 2端子間に低い電圧の交流電圧を印加してシャフトを指で回すとその方向に加速する。それは(b)の特性曲線から説明できる

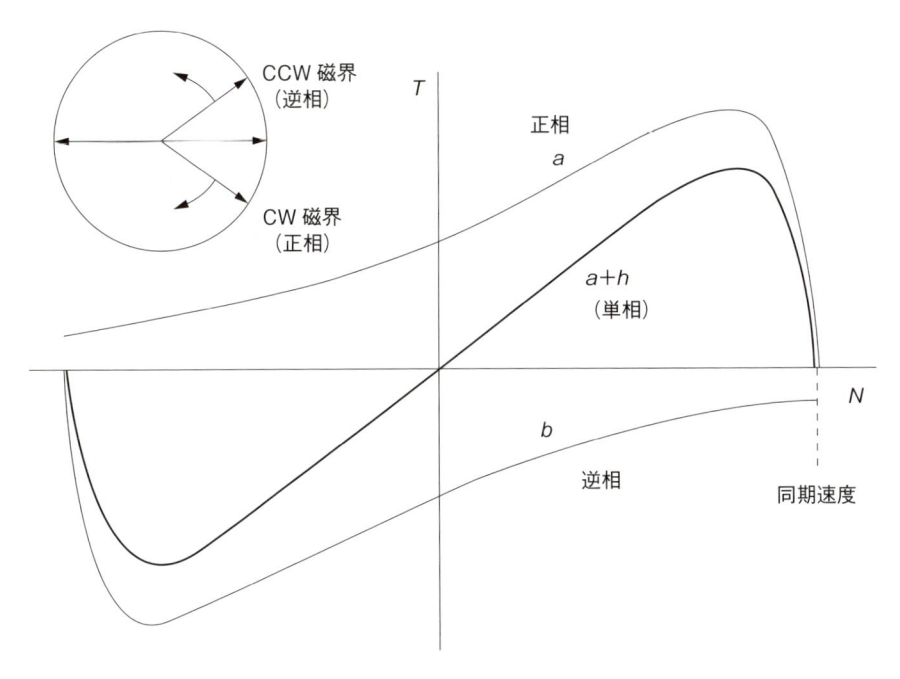

(b) 正相（CW）回転磁界による特性 a と逆相（CCW）回転磁界による特性 b の合成 $a+b$ によって単相運転の $T\text{-}N$ 特性が太線のようなものであることがわかる

図4.9　コンデンサ始動型単相誘導モータ

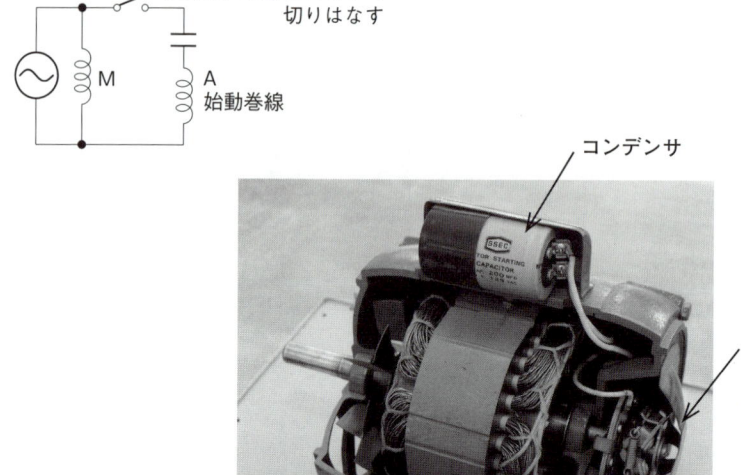

図4.10　抵抗始動法とインピーダンス図

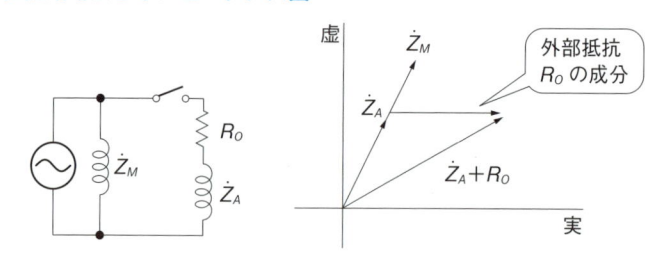

外部抵抗 R_0 によって巻線 A の
インピーダンスの位相角が小さくなる

4.4 ブレーキとしての駆動法

モータを止める方法として、いくつかの原理があります。代表的なのが、
- 電源を切って自然停止
- 電源を切って機械的なブレーキを使う
- モータ内の電磁現象を利用する逆転制動

です。これらの併用もあります。

●4.4.1 直流モータと誘導モータの大きな違い

図4.11 誘導モータの電気的制動法をDCモータの場合と比べる

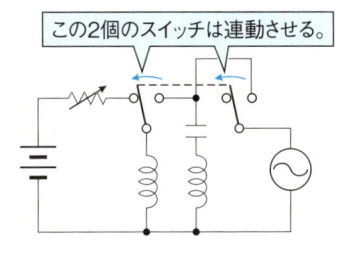

（a）誘導モータの1相の巻数に直流を流す。直流は周波数0の交流ともいえる

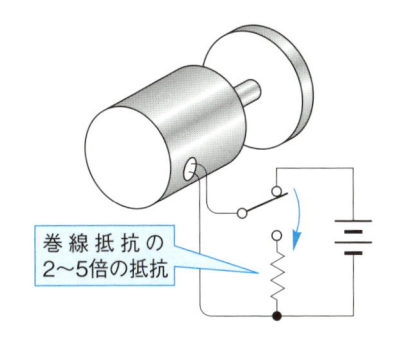

（b）DCモータの2端子間を抵抗器を介して接続する。抵抗＝0のとき短絡制動と呼ぶ

巻線抵抗の2〜5倍の抵抗

電磁現象による制動法について、直流モータと誘導モータでは違う部分と類似のところがあります。それを説明しているのが図4.11です。直流モータでは短絡制動という方法があります。これは、直流モータの無負荷速度が端子に印加する電圧にほぼ比例することに関係します。短絡とは端子間電圧を0にすることだからです。

誘導モータの無負荷回転速度は周波数に比例します。電流の周波数を低くして0にすればモータは静止するはずです。運転中のモータの巻線から交流を切り離して、これに直流電流を流して制動するのですが、直流とは周波数0の交流だと解釈すると、この制動法の意味がわかってきます。

・（別解釈）：交流電源から切り離して、1つの相に直流電流を流します。するとモータ内部には直流磁界ができて、ロータ導体がこの磁界を切るときに電流が発生し、磁界と電流によるトルクが回転方向とは逆に発生します。

● **短絡制動は誘導モータでは効果が低い**

永久磁石を使う直流モータを止めるときに、端子間を短絡する方法がありますが、誘導モータでは、磁石がないために、この方法ではブレーキ作用がはたらきません。

● **4.4.2 発電制動**

誘導モータの制動法として、もう一つ重要なのが発電制動です（図4.12）。

ホイストのように重い荷物をつり上げるときにはモータを電動機として使い、引き下げるときにはモータの回転方向と負荷の回転力の向きを同じにして運転す

図4.12 誘導モータの3モードを T/N 特性上で示す

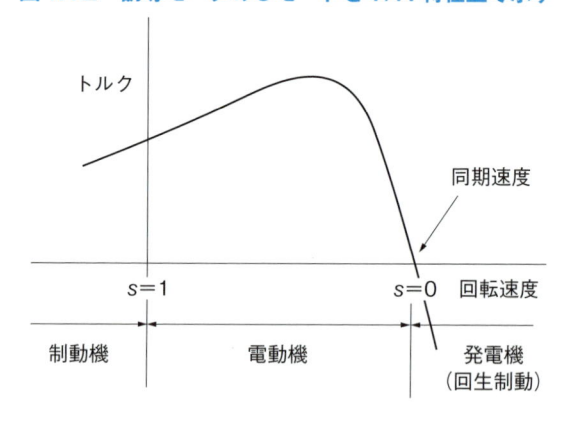

る方法が発電制動です。誘導モータをこのように使うと速度は同期速度を超えて高くなるのですが、図1.17～1.19で見たように、トルクは負になって釣り合います。つまりブレーキがかかった状態です。

この状態では負荷のポテンシャルエネルギーが電力に変換されて電源に流れ込みます。電力計を接続すると電力は負として計測されるはずです。この制動法ではモータを停止させることはできません。

● **4.4.3 逆転制動**

急速に停止させる方法として、モータが逆転する向きに結線を切り替える方法があります。これが逆転制動です。こうして強い制動力を働かせて、回転がゼロになったところで電源からきりはなします。

実際に使う制動法としてメーカが推奨する方法やブレーキなどについては、インターネットやカタログで調べることを勧めます。

4.5 Y字集中巻モータ

ここでは、今までのどの本にも書いてない興味深い籠型誘導モータについて語ってみようと思います。これはアウターロータ型のモータです。

●4.5.1 航空機姿勢制御用

今は制御といえばデジタル制御が当たり前ですが、アナログ制御が主流だった時代があります。モータを使った位置ぎめ制御の方式として、2相サーボモータというものが使われたことがあります。最先端の領域では航空機に搭載された精密モータがありました。

図4.13は、今では昔になってしまったのですがイギリスの垂直上昇戦闘機ハリアーです。この飛行機は1960年代から配備が始まりました。姿勢制御には興味深い誘導モータがFerranti Limitedで開発されました。1972年のことですが、エディンバラにあった同社の展示室で（見城が）見せていただいたものは、これは細密芸術品のようなモータだと驚嘆しました。

図4.13 ジャンプジェットの愛称で知られるイギリスの国防用VTOL

今ではジャンプジェットの部品ということで、解体品がセリに出てきます。図4.14 (a)(b)はたまたまジャンクとして手に入れたものです。エディンバラで見たサーボユニットには、これが3個組み込まれていました。(b)(c)は、2011年の夏にPenrithで、この開発を推進したColin McDermottさんと39年ぶりに再会したときに、彼の所有しているサンプルを撮影したものです。Y字形のステータ鉄心とロータです。ロータには細密な籠型導体が組み込まれている様子が何とか見えます。

図4.14 ジャンプジェットの姿勢制御用サーボモータとして使われた2相サーボモータ

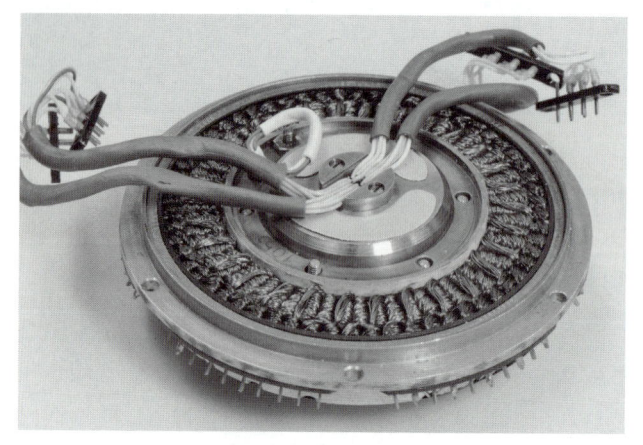

(a) アウターロータ方式の籠型誘導モータ

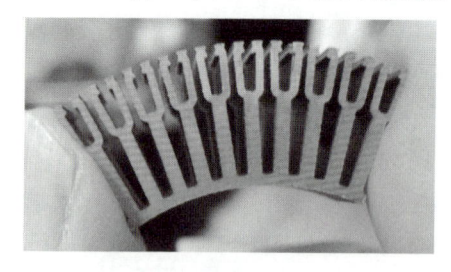

(b) Y字形ステータ鉄心の一部；コイルを挿入した後でスロット開口部分に金属の丸棒を差し込んで固定し、溝を閉じる。その後、表面を研磨して漏れ磁束の通路を狭くする

(c) 細密加工された籠型ロータ

(d) Y字集中巻の様子

図4.15　Y字集中巻

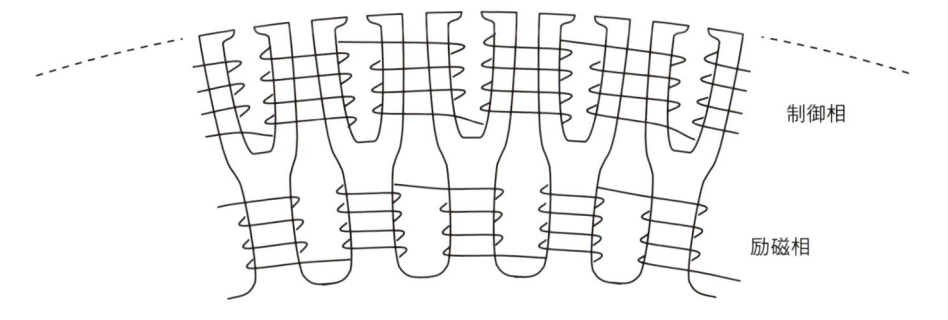

制御相

励磁相

● **ユニークな歯と集中巻**

　図4.14(d)は巻線と、ステータとエアギャップの様子を撮影したものですが、ギャップは極めて短くて写真ではわかりにくいです。

　このモータの巻線は、通常の誘導モータに使う同心巻でもないし、波巻でもありません。ステータの歯の形状からして違っています。巻線は2相からなっています。ステータ鉄心の歯の形は図4.15に描いてみたように、Y字が並んだような形をしています。奥に巻いた方を励磁相と呼びます。集中巻でNSNSあるいはSNSNの磁極を形成するために常時4Wの電力を供給します。外型に巻いた組を制御相と呼びます。

　ステータは閉口構造になっています。通常の籠型であれば、トルクむら解消のためにロータをスキューできるのですが、毎極毎相のスロット数が少ない薄型ではスキューに代わって、ステータのスロットを閉じた構造が有効です。巻線作業のあとで、その作業をするのですが、ここに見る写真から、その作業が複雑で細密なものかを想像していただけると思います。

● **交流サーボモータの T/N 特性**

　停止しているモータに、励磁相にだけ交流を流してもトルクは発生しません。ところが位相が図4.16に示すように、90°ずれた交流を制御相に流すと、歯の先端で移動磁界が発生します。これが外側のロータにトルクを誘発させます。図4.16は通常の2相サーボモータの T/N 特性ですが、ハリアーのモータはこれとは若干違っていると思われます。というのは、このモータの特

図4.16　励磁相と制御相の電流

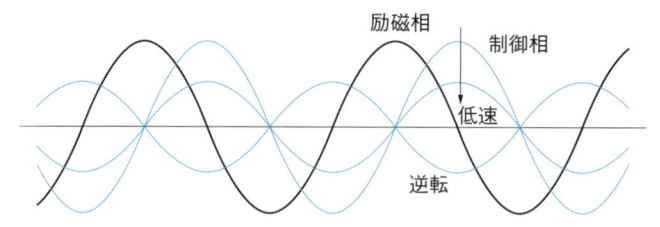

励磁相にはつねに一定の交流を流しておく。90°の位相差の交流電流を制御相に与えて、その大きさと極性によってトルクと回転方向を調整できる

図4.17　2相サーボモータの T/N 特性

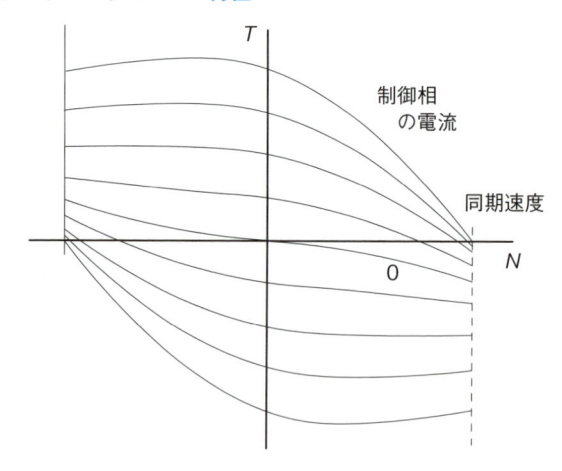

図4.18　1960年代初期にVtol Harrier Iの姿勢制御用モータの開発に成功したColin McDermottさん。2011年7月Penrithにて

1928年生まれで、マンチェスター大学で電気工学を学ぶかたわら音楽にも造詣を深めた。時代の最先端のモータ設計には、材料、加工法だけでなく、それを使う制御システムに精通して、それぞれの分野の一流の人材の知恵を結集しなくはならない。彼は学生時代に、オーケストラ運営をとおして技術者の才能を協演させる才能を開花させた。英米共同プロジェクトでは英側のとりまとめ役も演じた。

性が特別なものだったので、Ferranti はある大学の先生に解析を依頼したのです。しかし、その先生は答えを出す前に引退されてしまったので、正確な特性解析はできなかったということです。誘導モータの奥深さを感じるのはこのような限界設計に挑戦しているときです。

開発当初の交流の周波数は当初は400Hzでしたが、入手したジャンクの機種では1000Hzです。なぜ、航空機内の交流電源周波数がこんなに高いのか？トランスの軽量化、応答の速さ、励磁電流の軽減などさまざまな意味があると思います。

このようなモータは当時の最先端国防技術を象徴しています。図4.18の写真は McDermott さんがモーツアルトの時代に制作された愛用のビオラを久しぶりに肩にあてたところです。

Column
「英国から日本への技術移動」

　ここに紹介しているサーボモータが造られた1960年代後半から70年代初期が、英国小型モータ技術の活力の最盛期だったかもしれない。

　1972年、McDermott さんを知った時、日本の小型産業が発展し始めていることを話した。彼は IEE（英国電気学会、今は IET）にこれを伝えたところ、1976年に IEE はロンドンで世界最初の小型モータ会議を開いた。日本電気学会との連絡がうまくできなかったのか、日本からの論文参加者は筆者（見城）だけだった。

　豪華な会場での烈しい議論と珍しいモータの展示に感動して、「これを東京で開けば、10倍の人が集まるだろう」と思った。

　実現させたのは、それから5年後、JMA 主催の「小形モータ技術シンポジウム」である。1983年からは展示会を併設して、やがてこの分野では世界最大のショーとカンファレンスになった。

　IEE は第2回を開催していない。日本では東京ビッグサイトで開かれる Techno Frontier へと発展した。

　もし McDermott さんとの出会いがなかったら、日本の小型モータ産業がここまで大発展しただろうか？

4.6 天井扇モータ
台中が生産拠点になる

　この形式の家電モータの典型として図4.19の写真のような吊扇（天井扇）のダイレクト駆動があります。

　マリリンモンローとトムイーウェルが共演した映画 The Seven year itch が制作されたのが1955年です。トムイーウェルが演じたのは、あるニューヨークのある出版社の38歳の編集長です。蒸し暑い夏、奥さんと子供さんは避暑に行って留守です。彼の住むマンションンの全部の部屋にエアコンがあります。そこにモンローが演じるモデルが入ってきてスカートをひらりひらりとさせながら涼気を楽しんでいます。そこから喜劇が始まります。

　やがてアメリカ中にエアコンが普及すると、次の社会問題が省エネでした。エアコンに使う電力を節約するために、北米では天井に吊りさげる扇風器が歓迎されました。そこに使った誘導モータがハリアー戦闘機の姿勢制御用サーボモータと基本的に類似の構造のモータでした。この扁平2相サーボモータを扇風機用に作り替えたのはアメリカのベンチャー企業でしたが、1980年代になって、北米に大量に供給するために台湾の台中市で製造され始めまし

図4.19 グッドデザイン賞を獲得した天井扇（台湾立原家電公司提供）：台灣芬朶精品吊扇 Uragano 颶風系列（日本 G-mark 設計獎）

図4.20　天井扇用鉄心と巻線

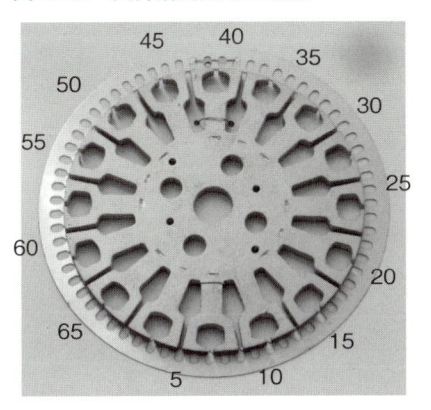

た。

図4.20の写真は鉄心とステータ巻線の事例です。

●4.6.1　欠点を利点に変えた設計

このモータの設計には誘導モータの（普通の意味では欠点も含めて）特徴が活かされています。集中巻の誘導モータでは空間高調波が顕著なために、無負荷速度が同期速度より著しく低くなります。そのためにモータとしての効率は低いのですが、ゆっくり回ります。この天井扇の場合には16極あるいは14極です。16極60Hzですと、同期速度450rpmですが、天井扇は

　　高速　　200 rpm
　　中速　　120 rpm
　　低速　　 60 rpm

です。

残念ながらモータとしての効率は低いのですが、エアコンの補助として静かに部屋全体の空気を撹拌して風をつくって人に冷気を感じさせるので、エアコン自体の消費電力が節約されます。

速度切り替えの方式は図4.21に示すようなものです。励磁相にあたるのが、コンデンサが直列に入る補助巻線で、ステータの内側の巻線です。制御相はコンデンサが入らない巻線で、有効巻線の巻数を切り替える方式です。

図4.21 天井扇の推測 T/N 特性と速度切替え概念図

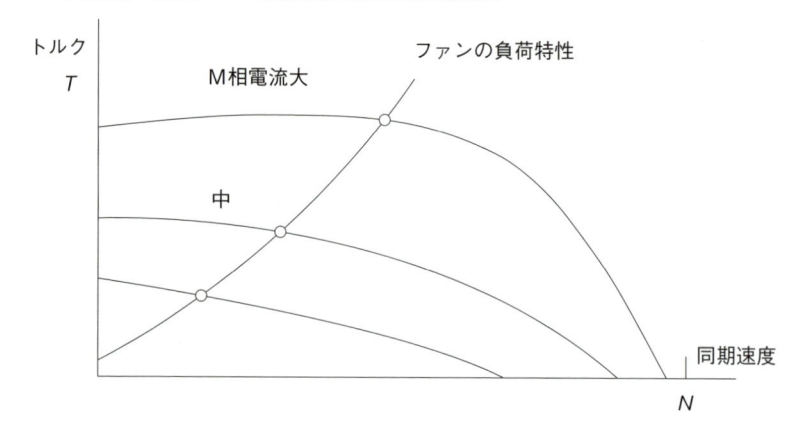

(a) T/N 特性

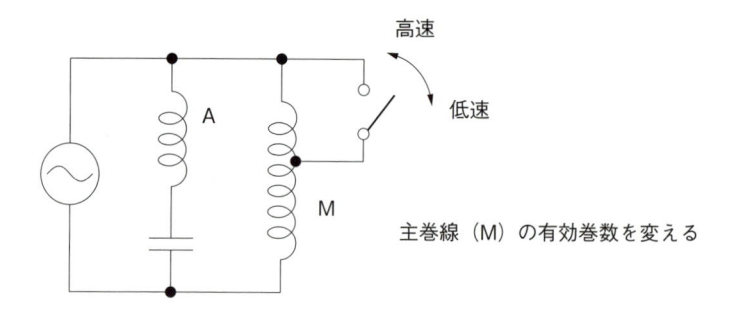

(b) 速度切替え回路

主巻線（M）の有効巻数を変える

●4.6.2 軍民比較

　表4.1はジャンプジェットのモータと天井扇用モータの比較です。まじめな技術書ですと国防機器としてのモータと家電用モータを比較論じるということはないだろうと思います。

　共通していることは、上に述べたように低速域の速度調整に適した構造です。

　・ファン用を見るとスロットが狭い。1極あたりのスロット数が少ないので、スキュー効果が必ずしも有効ではない。また、分布巻による高調波の除

表4.1　Y次集中巻モータ：航空機用と家電用比較

	姿勢制御用	ファンモータ			
		タイプ (1)	タイプ (2)	タイプ (3)	タイプ (4)
周波数 (Hz)	400/1000	60	60		
Y字数 (極数)	60	16	16	16	14
ロータ溝数		67	55	56	49/55
同期速度 (rpm)	800　13.33rpm	450　7.5rps	450		
電圧 (V)		200V系	200		
開発年	1960年代	1980年代	1980年代		
ギャップ長 mm	0.025	推定0.3	推定0.3		

去ができないので、スロット高調波の影響が大きく、閉溝とするか狭い溝とする必要がある。

・図4.14のサーボモータでは、巻線作業のために、開口を大きくする必要があった。巻線を入れてから丸棒によって溝をふさいで研磨して閉溝にしている。

Column

台湾のモータ産業　台中

　台湾の大きなモータメーカは2社あり、いずれも本社は台北にあります。それらは、1945年の第2次世界大戦終了（光復）後にモータの修理から活動を始めた会社です。この大メーカを支える中小の企業が台北やその南に位置する桃園周辺に育っています。

　一方、モータの中小企業が多いのが台中市です。市の中心約半径7km以内に工場が密集しています。その外側、直径40kmの範囲にはモータ製造に必要な部品を供給するメーカが散在しています。

　日本統治時代、台中市には多くの製糖工場がありましたが、どのような経緯を経てモータ産業がここに活発になったのか、調査してみる価値がありそうです。同市にはモータ製造の要となるプレス打ち抜き、フレームやアルミニウム導体の鋳物、巻線、機械加工、シャフト作成、冷却用ファンの製造など、器具・部品の企業が機能的に存在しています。ですから、モータの試作にとっては必要な作業をほとんど、

この地方で行うことできます。図4.22の写真は巻線専門の会社の作業場で撮ったものです。アメリカの TESLA Motors 社の電気自動車用誘導モータも、台中で製造されています。

　台湾のモータ技術が現在のように発展したのは、一つには大学と財団法人が政府の資金援助を得て、モータの品質と技術のレベルアップに寄与した成果であるともいえます。

　モータメーカの技術者と経営者の育成のために活動した財団法人が、台北に本部をもつ中國生産力中心（CPC, China Productivity Center）でした。具体的には、ここでは３つのことを挙げてみようと思います。

(1) 外国からの技術の勉強

　世界中の大学のモータ研究室の中で設備の面で卓越しているのが、イギリスのシェフィルド大学にあるといえるでしょう。CPC は３年計画で、シェフィルド大学の他にケンブリッジでの研修を行いました。日本の専門家を招聘した訓練、日本やドイツへの研修旅行も積極的におこないました。

(2) 合宿訓練

　モータの電子制御の学習のためには複数の企業の若手の技術者や経営者になろうとする人材が協力しあう研修が運営されました。そのような研修では、互いに必要な機材や部品を持ち寄って、資材機材費を使わないで済みました。図4.23の写真は筆者の筒が実習していたときの様子です。

(3) 自動化による生産力向上

　ここでみた天井扇の製造と輸出が、台中のモータ関連会社の大きなプロジェクトになったときの事例の一端を紹介します。1983年からの５カ年計画で、自動化によって生産力を倍増プロジェクトが実行されました。最初に手掛けたのは製造ラインの改善でした。アルミニウムフレームを使ったフレキシブル自動化ラインを導入しました。図4.24の写真はフレキシブル化以前の生産ラインの一コマです。現在ではほとんどの生産は最新鋭ラインを使って中国大陸とインドネシアで行われています。

　台湾のモータ産業インフラの現在の強みの一つは試作の早さです。欧州のモータ開発企業も台湾との連携を深めようとしています。

　台湾と日本との距離は近く、台湾には日本語が上手な人が大勢います。台湾人は日本人に対して非常に友好的です。たとえば、世界各国から東日本大震災に義援金が送られましたが、台湾がそのなかでも最も多かったことはその証しです。今後世界のモータ開発はさまざまのルートによる日台の連携でなされるでしょう。

図4.22 台中の巻線を専門とする会社の現場写真

図4.23 台湾での小型モータ人材の育成の様子

図4.24 1980年代の生産ライン

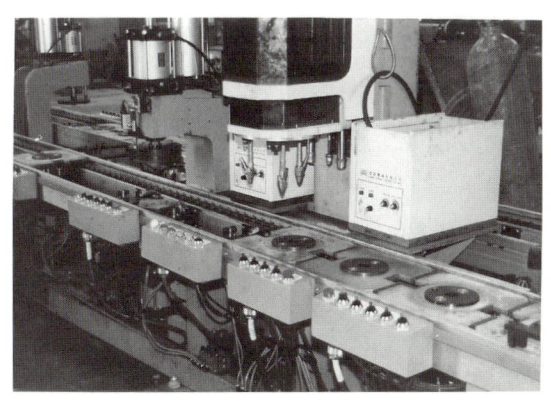

第5章

インバータを利用する

　誘導モータやリラクタンスモータをはじめとする同期モータの可変速運転の方法としてインバータの利用があります。ここでは籠型誘導モータのインバータ運転について解説します。

5.1 インバータとは何か

誘導モータや同期モータを可変速運転するためのパワーエレクトロニクス装置としてインバータが広く利用されています。それについて概説します。

●5.1.1 コンバータとインバータ

電気には直流と交流があることは本書の冒頭にも書いたとおりです。そして直流モータと交流モータがあることや、その分類にはなじまないモータもあることも見てきました。でも基本は直流と交流の関係です。

電気機器というか、電子機器の一つの分野に、変換器と呼ばれるものがあります。代表的なのが次の4つです。

(1) コンバータ（converter）：交流⇒直流にする装置、学術用語として順変換器
(2) インバータ（inverter）：直流⇒交流にする装置、学術用語として逆変換器
(3) サイクロコンバータ（cyclo-converter）：交流⇒交流にする装置（周波数と相数の変換）、周波数変換器
(4) DCコンバータ（DC converter）：直流⇒直流にする装置（電圧の変換）

この中で重要なのがインバータです。インバータの目的は、図5.1に示しているように、交流モータの可変速運転です。

第1章で見たように、直流モータの無負荷速度は端子間にかかる電圧にほぼ比例して決まりますが、交流モータの代表格である誘導モータの無負荷速度は、駆動電圧の周波数に比例して決まります。直流電源を電力源として、誘導モータの回転速度を自由自在に調整・制御することにより、その用途は大幅に増加します。ここに周波数を自在に変えられるインバータの最大の市場があります。

実際のインバータでは、直流電源としてコンバータを使って商用の3相50/60Hz電源を使う事例が大半です。ですから商品としてのインバータは、

図5.1　インバータとは

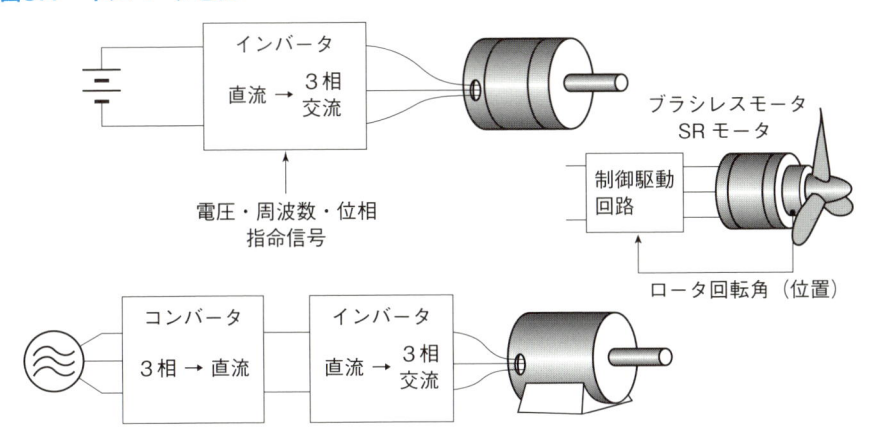

たいてい、コンバータを含んでいます。

　交流モータを広い範囲で連続的に速度調整したい、あるいは1：2：3の比率で速度の切り替えをしたいという要求は、昔からありました。エレクトロニクスが発展した以降は、インバータで自由自在な周波数を作りだす装置として大変に重宝がられています。

　サイクロコンバータの典型は、3相交流から直流を経由しないで、元の交流よりも低い周波数の単相交流を得る変換器です。これも面白い技術ですが、インバータに比べるとまだ用途が少ないようです。

●5.1.2　3相ブリッジ型インバータの基本──6ステップ動作

　3相交流にはいろいろな利点がありますが、図5.2に示す原理的な3相ブリッジ型インバータが利用できることもその一つです。ここでは直流から3相交流を発生するためには3個のスイッチを使えばよいことを示してます。

　基本になるのが、6ステップ駆動と呼ばれる方式のスイッチング順序です。各相のスイッチングの方式は：

(1) 最初の状態がU、V、Wのすべてが上段であるか下段になることを禁止する。

(2) U→V→Wあるいは逆順に上下段をスイッチする。スイッチングの正順か逆順かでモータの回転方向が決まる。

図5.2　3相インバータの機能を機械的スイッチで表す

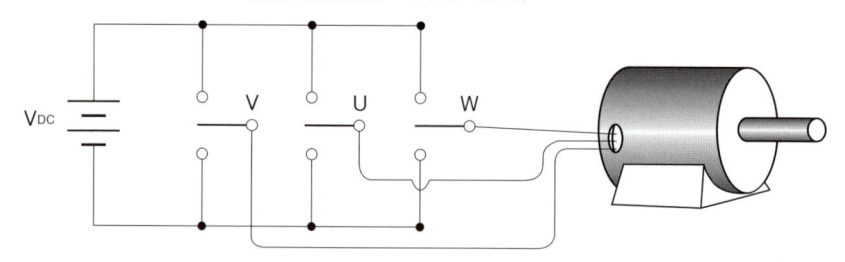

図5.3　6ステップ方式のスイッチングシーケンスと磁界の回転

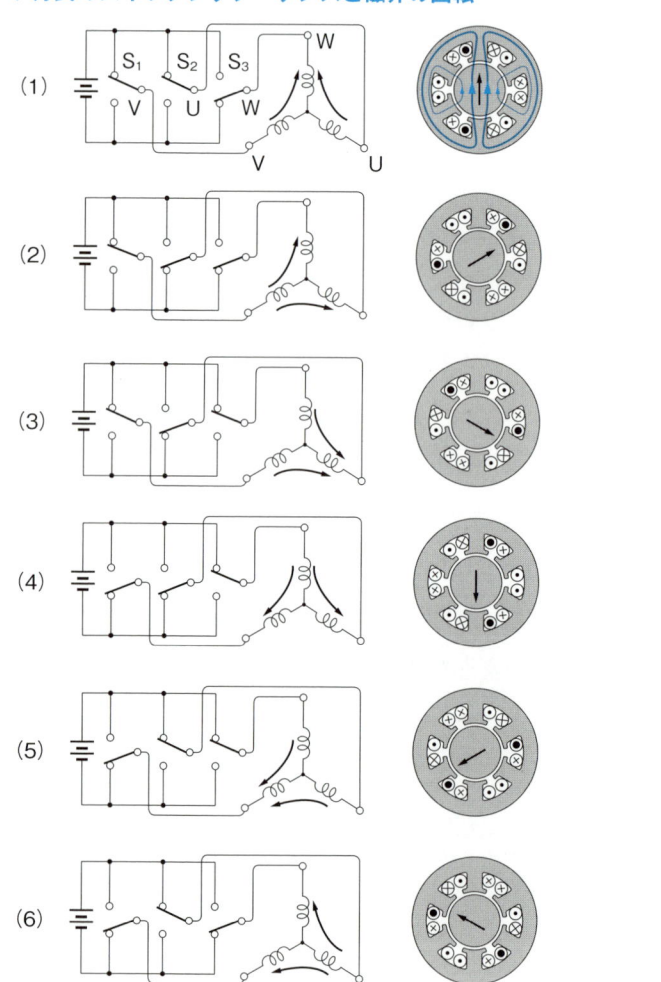

この法則に従ったスイッチングの順序を示しているのが図5.3です。その結果として相間電圧を調べると図5.4(a)のようになります。この波形は方形波とか階段波と呼ばれます。

　この方式でモータを駆動すると、周波数が低いときには目視でも回転ムラがあることがわかります。また電流は図5.4(b)の事例のように正弦波にはなりません。

図5.4　6ステップ方式の出力電圧波形と電流波形の例

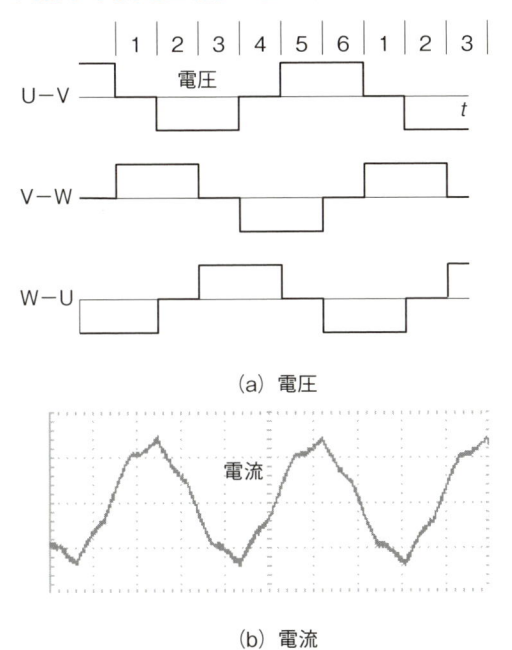

(a) 電圧

(b) 電流

●5.1.3　インバータに使うスイッチング素子

　ここで実際のインバータに使うスイッチング素子のことを述べます。図5.2の原理的なインバータに示しているスイッチを高速で実現するための半導体素子のことです。

　図5.5は表形式で種々の素子の記号と機能をまとめたものです。最初の欄のダイオードは、それ以降の欄の素子と組み合わせて補助的に使う素子です

図5.5　各種半導体スイッチ素子の記号と機能

素子	記号		半導体構造と特徴
ダイオード	Anode，アノード  / Cathode，カソード		半導体の1個のPN接合が整流特性をもつ。アノードからカソードには電流が流れるが，逆方向電流は阻止される
バイポーラトランジスタ	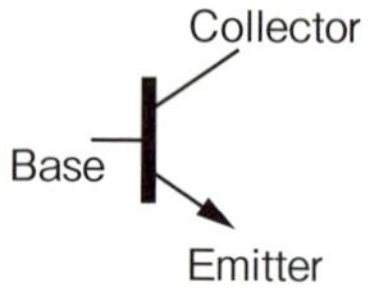 Collector, Base, Emitter NPN型	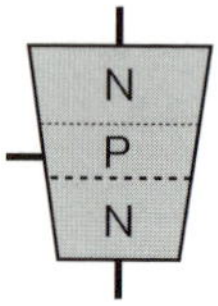 N/P/N	エミッタを基準として，ベースを入力端子にするときインピーダンスが低いが，Collector-Emitter間電流容量が大きい
	E, B, C PNP型	P/N/P	Base：ベース（B） Collector：コレクタ（C） Emitter：エミッタ（E）
MOSFET	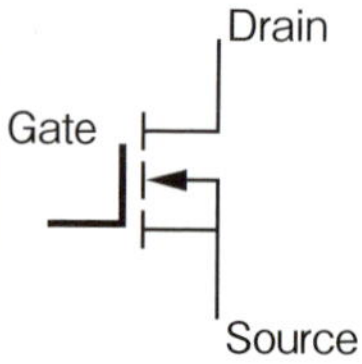 Drain, Gate, Source		半導体の微細加工技術で生まれた。ゲート入力のインピーダンスが高い。ロジック回路との整合が良い。 Gate：ゲート；Drain：ドレイン Source：ソース
IGBT	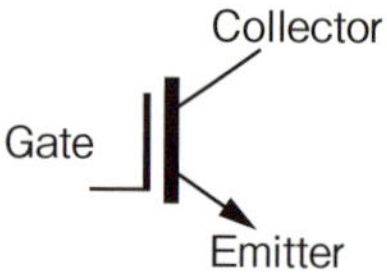 Collector, Gate, Emitter		OSFETの高い入力インピーダンスとバイポーラの大きな電流容量の組み合わせ
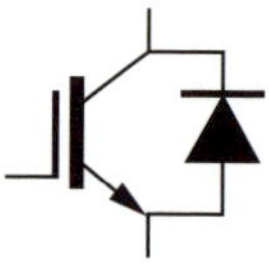	(逆並列ダイオード付きIGBT記号)		逆並列ダイオードが組み合わせている形式

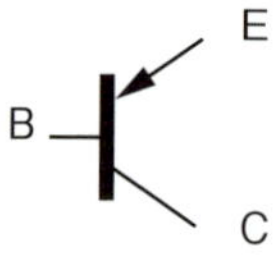

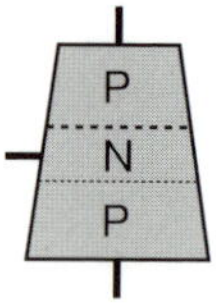

が、まずこれが重要です。その機能を示すのが図5.6です。

図5.6　ダイオードの電圧対電流特性

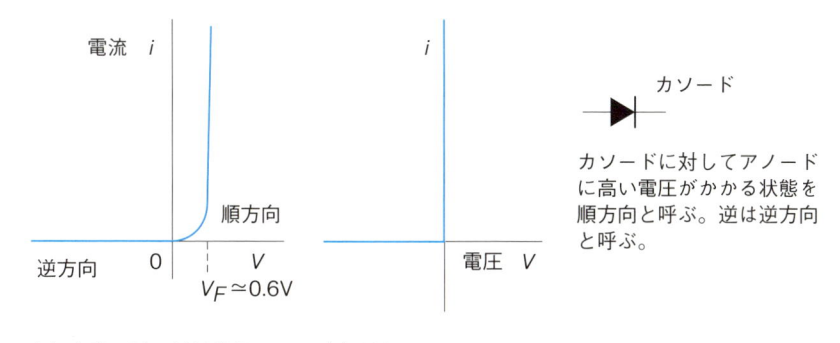

(a) 実際に近い特性曲線　　(b) 近似

カソードに対してアノードに高い電圧がかかる状態を順方向と呼ぶ。逆は逆方向と呼ぶ。

●5.1.4　パルス幅変調（PWM）による電圧と電流の調整

インバータにはDCコンバータの機能も組み込まれています。ただし、入力電圧より低い電圧を発生する方式で、降圧型DCコンバータの機能です。図5.7ではそれを説明しています。ここでは、スイッチがパルス幅変調（pulse-width modulation、PWM）と呼ばれる方式の原理を使って、時間平均電圧を調整・制御する方式です。

この回路でダイオードの役割が説明されます。素子（IGBTやMOSFET）のゲート端子に（ソースやエミッタに対して）正電圧がかかると、素子はスイッチオンして電流は緩やかに上昇します。ゲート電圧が0あるいは負になると、素子はオフとなりドレイン・ソース間あるいはコレクタ・エミッタを通る電流が遮断されます。そのとき電流はダイオードをとおる循環路を流れて緩やかに減少します。H型あるいは3相ブリッジ回路ではダイオードは、インダクタンスによる電流が電源に帰還する回路を形成するので、インバータの主回路に使うダイオードを還流（用）ダイオードと呼ぶことがあります。ここでどうしてダイオードが自動的なスイッチになるのかを見ておきます。2つのことが重要です。

(1) IGBTがオンのときには正電圧がダイオードのカソードにかかるので、ダイオードは逆バイアスされ電流は巻線にだけ流れます。

(2) IGBTをオフにすると、電流は減少するので、巻線のインダクタンスに現れる電圧 $L(di/dt)$ は負になります。これはB点電圧がA点電圧よりも高くなることを意味します。するとダイオードのカソードよりもアノードに高い電圧がかかることになります。つまり、ダイオードは順方向バイアスされて電流が上向きに流れて、巻線とダイオードを循環します。

もし、ここでダイオードが無いと、どうなるか？ IGBTがオフのときに高い電圧がコレクタに現れて、IGBTを破壊します。ダイオードは電流を継続させると同時にIGBTを保護します。

このスイッチングの結果、電流は三角波になります。スイッチング周波数が高いほど三角波の振幅が小さくなって、図5.7(d)(e)のように直流に近づきます。三角波の平均値はパルス幅の比率に比例します。平均電圧は

$$V_{ab} = \frac{t_{ON}}{t_{ON}+t_{OFF}} V_{DC} \quad (5.1)$$

です。これが降圧式DCコンバータの原理です。

ここで $t_{ON}/(t_{ON}+t_{OFF})$ を時比率と呼びます。図5.7(f)にパルス幅変調によって直流側電圧 V_{DC} を降圧する原理を描いています。

Column
「ダイオード (diode)」

ダイオードの記号と機能は図5.5に示します。半導体の構造は、PN接合です。P型端子をアノード(anode)とよび、N型端子をカソード(cathode)と呼びます。

カソードに対してアノードに正の電圧が印加すると電流が流れます（switch-on）が、逆極性電圧がかかると電流が流れません（遮断、switch-off）。つまり制御端子（ゲートやベース）の無い自動的なスイッチです。これは必要不可欠な素子です。

インバータの原理は、図5.3に示すように、オンオフ・スイッチを使った電流の切り替え回路です。ただし、スイッチには半導体素子を使います。図5.5に示すように半導体素子にさまざまありますが、次の機能の素子を組み合わせます。

(1) 外部の信号によってスイッチのオン・オフが制御できる素子：バイポーラトランジスタ、MOSFET、両方の利点を組み合わせたIGBT
(2) ダイオード：一方向にだけ自動的にオンする素子

これから述べるように時比率を時間的に変化させる方式では、時比率の最大値を変調率（記号 ε）と呼びます。

図5.7 パルス幅変調の意味

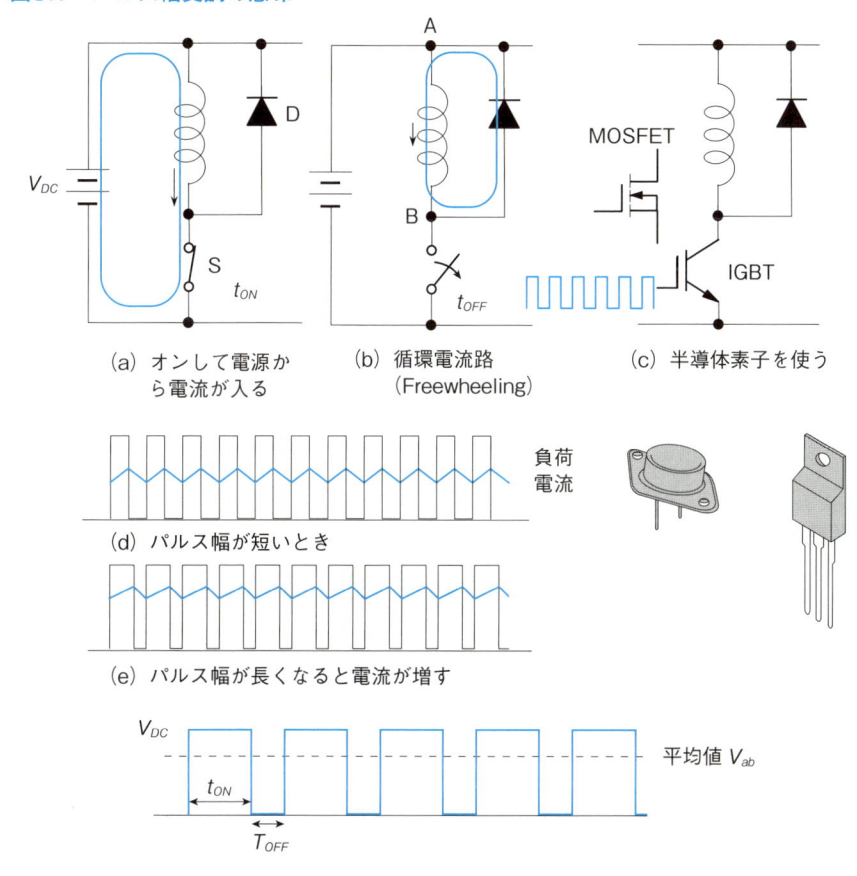

(a) オンして電源から電流が入る

(b) 循環電流路（Freewheeling）

(c) 半導体素子を使う

(d) パルス幅が短いとき

(e) パルス幅が長くなると電流が増す

(f) (5.1) 式による平均電圧の制御原理

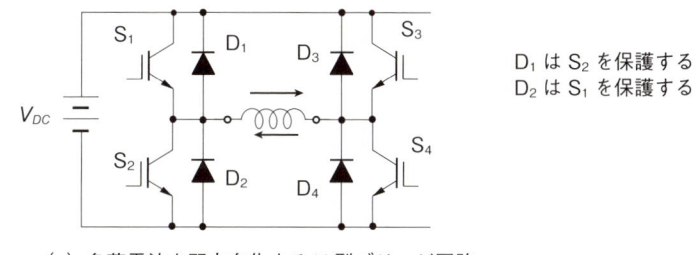

(g) 負荷電流を双方向化するＨ型ブリッジ回路

D_1 は S_2 を保護する
D_2 は S_1 を保護する

●5.1.5　3相ブリッジ型の利点

　PWMの機能によって、交番電流の制御—つまり巻線に流す電流を双方向にして、電圧の平均値と電流を制御するのが図5.7(g)のH型ブリッジです。4個のIGBTと4個のダイオードの役割りを同図に記しています。

　では、このH型ブリッジによって単相モータの速度調整ができるかどうかの問題ですが、これは非現実的です。前章で見たように、コンデンサラン方式での適正静電容量は大きく変化するからです。

　次の図5.8に示すように、あと一組追加するだけで3相ブリッジ型インバータが形成されることが、より大きなメリットともいえます。

　図5.9はバイポーラトランジスタを使った筆者の試作品で今では古いものですが、使用した個別素子がすべて見えて、オシロスコープのプローブ各部分の電圧を計測できることが大きな利点です。現在の商品としてのインバータはモジュール化されているために回路構成はまったく見えません。

　図5.10は、モータ制御の研究開発用に設計されたインバータです。パワー素子としてはMOSFETを使っていますが、基板の下に配置されています。

図5.8　インバータの端子にはY結線とΔ結線が可能

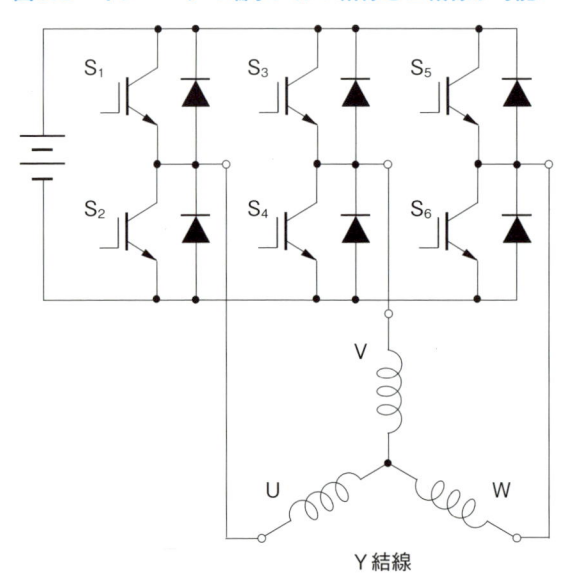

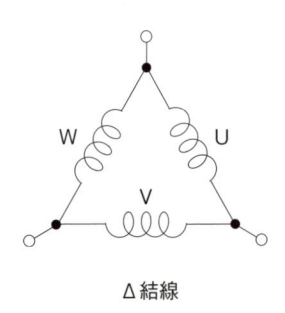

ここでは論理信号発生の方式をユーザが自由自在にできるようにFPGA（field programmable gate array）を使用しています。

図5.9　1980年代のインバータには個々の電子部品が見えたが現在のインバータはモジュール化されているので中が見えない

図5.10　研究開発用インバータ。論理設計のためにAltera社のFPGAを使っている

●5.1.6　6ステップPWM

このようなインバータを使って、先の6ステップ電圧を調整したいときには、PWMによって2相間の電圧が0になる期間を挿入します。その事例を示すのが図5.11です。

図5.11　6ステップインバータとPWMを組みあわせる一例

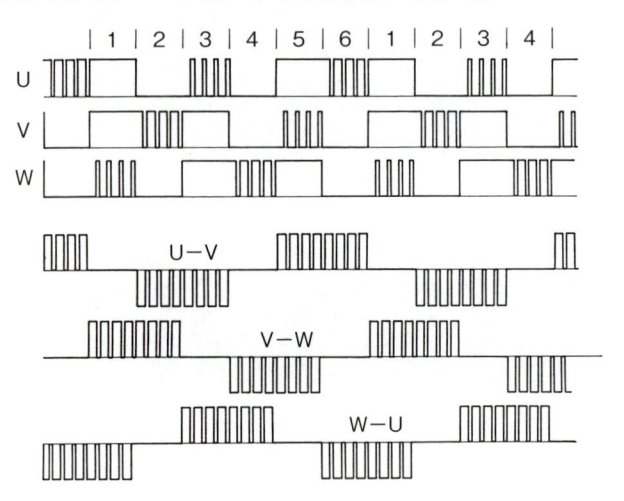

5.2 正弦波の発生

次は、これに PWM を取り入れて、各相（相間電圧）が正弦波になるようにスイッチング信号を印加する方法を見ましょう。

●5.2.1 正弦波変調

最初に見るのは、H型ブリッジの場合で、スイッチング信号の一例を図5.12に示します。ここでは、U相にPWMがかかっているときには、V相では下側の素子をONにしてV端子電圧を0にしています。

同様にV相にPWMをかけているときには、U相端子電圧は0にしていますが、これは本当に一例にすぎません

3相ブリッジでは、各相に正弦波電圧を与える方法は無数にあります。基本的といえるのが、各相を正弦波で変調する方法で、その一例が図5.13に示すものです。これは直流側の電圧を目いっぱい使う場合を示しています。U、V、Wの各相の時比率の最大値は1で、各出力端子の電圧を正弦波にして振幅が V になる方式です

この場合にはUV間電圧の振幅は V ではなくその $\frac{\sqrt{3}}{2}$ です。これは当たり前といえばそのとおりです。

図5.12　H型ブリッジによる単相正弦波PWM電圧の発生原理の一つ

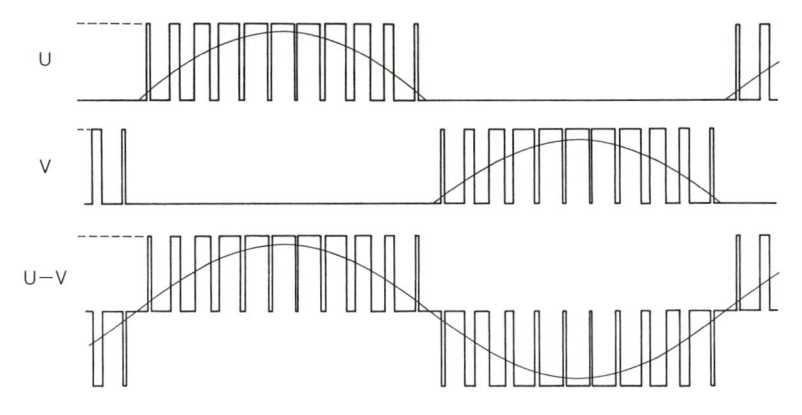

図5.13　3相インバータにおいて各相を正弦波変調させる方式

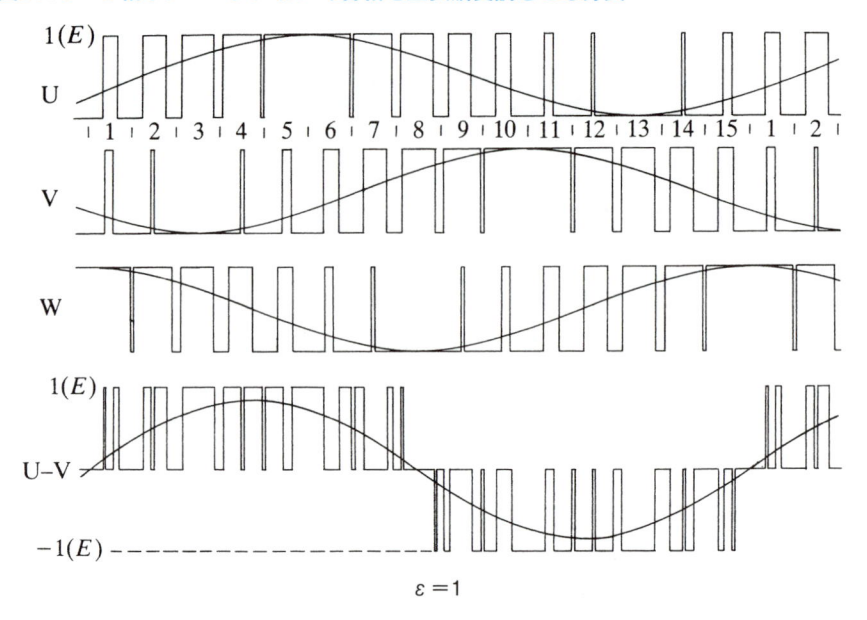

●5.2.2　第3次高調波の有効利用

以上は、当たり前すぎて面白くありません。

これに対して図5.14(a)には、各相の波形の頭をつぶしたような形でパルス幅変調すると、UV間電圧の振幅が V になる方法を示しています。(b)は変調率を下げた場合です。

UV間を正弦波変調になるようにして、各相を正弦波からずらす方法は、これ以外にも無数にあります。

この原理の解説は参考資料[1]に記載してあります。数学的なセンスを身に付けた読者には一言のヒントで原理が理解できると思います。それは第 $3n$ 次高調波（3、9、15 …など奇数の n が実際的）の性質を利用することです。第3次高調波はUVWの各相で同じになるので、引き算する（つまり相間をとる）と0になりますから巻線電流には現れません。

このような変調法の中で基本的なのが、基本波に対して第3次高調波だけを1/6の比率で含有させる方法です。

図5.14　各相に第3n次高周波を含有させて変調させた事例（1）

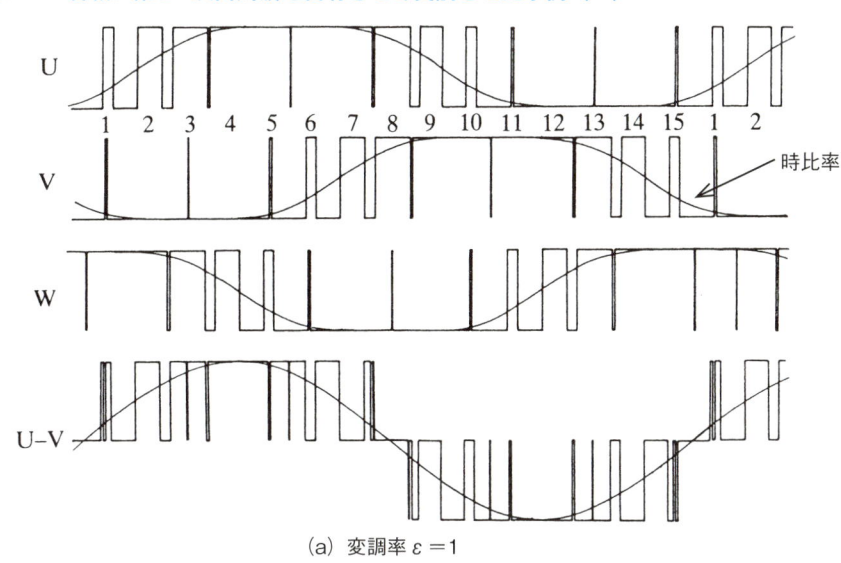

(a) 変調率 $\varepsilon = 1$

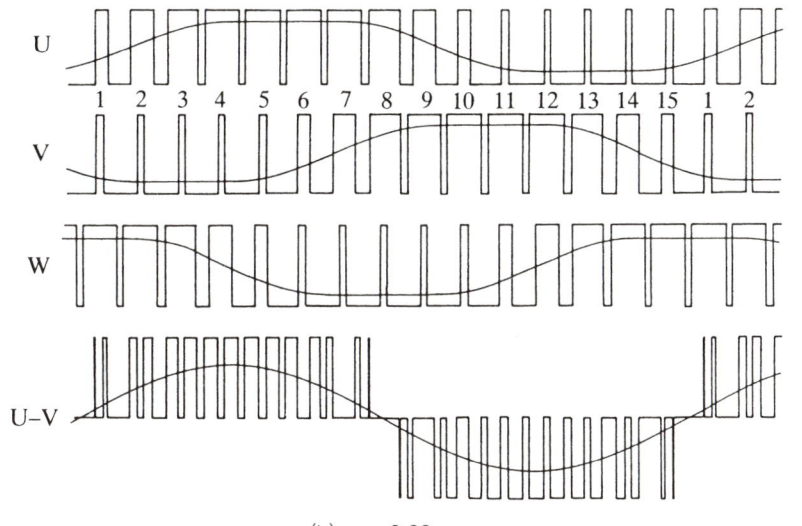

時比率

アナログ変調信号のあたまを平らにしている

(b) $\varepsilon = 0.69$

これを、数式で示しましょう。U相の変調指令値 $u(t)$ として次式を設定してみます。

$$u = \frac{1}{2} + \frac{\varepsilon}{\sqrt{3}} \{\sin(\omega t) + \frac{1}{6}\sin(3\omega t)\} \quad (5.2)$$

この式は、ε が最大値1のとき、0と1のあいだを変化します。
V相とW相に対しては次のようになります。

$$v = \frac{1}{2} + \frac{\varepsilon}{\sqrt{3}} \{\sin(\omega t - \frac{2}{3}\pi) + \frac{1}{6}\sin(3\omega t)\} \quad (5.3)$$

$$w = \frac{1}{2} + \frac{\varepsilon}{\sqrt{3}} \{\sin(\omega t + \frac{2}{3}\pi) + \frac{1}{6}\sin(3\omega t)\} \quad (5.4)$$

ここで公式、

$$\sin \alpha - \sin \beta = 2\sin\frac{1}{2}(\alpha - \beta)\cos\frac{1}{2}(\alpha + \beta)$$

を適用して $v - w$ を計算してみると次のようになります。

$$v - w = \frac{2}{\sqrt{3}}\varepsilon \sin(-\frac{2}{3}\pi)\cos(\omega t) = -\varepsilon \cos(\omega t) \quad (5.5)$$

つまり、振幅 ε で変化する正弦波になります。

これらの数式から分かるように、各相の基本波の最大振幅は $(1/\sqrt{3})\,V$ であり $V/2$ を超えているのですが、第3次高調波成分と合成すると変化成分の振幅は $V/2$ になります。

別の面白い事例を示すのが図5.15(a)、(b)です。各相の変調指令は奇妙な形ですが、相間をとると振幅が V の正弦波です。同図(c)は電流を観測した波形です。正弦波にPWMによる典型的な脈動が重なっていることがわかります。PWMの周波数を高くすると、脈動成分は小さくなり、電流は理想的な正弦波に近づきます。

ここに示した（第$3n$次高調波を利用する）方法が市販のインバータに取り入れられているかどうか、筆者は確かめてはいません。

図5.16は、各相を正弦波からは少しずらして25kHzで変調したときの電流波形の事例です。

図5.15　第3n次高調波で変調した事例（２）

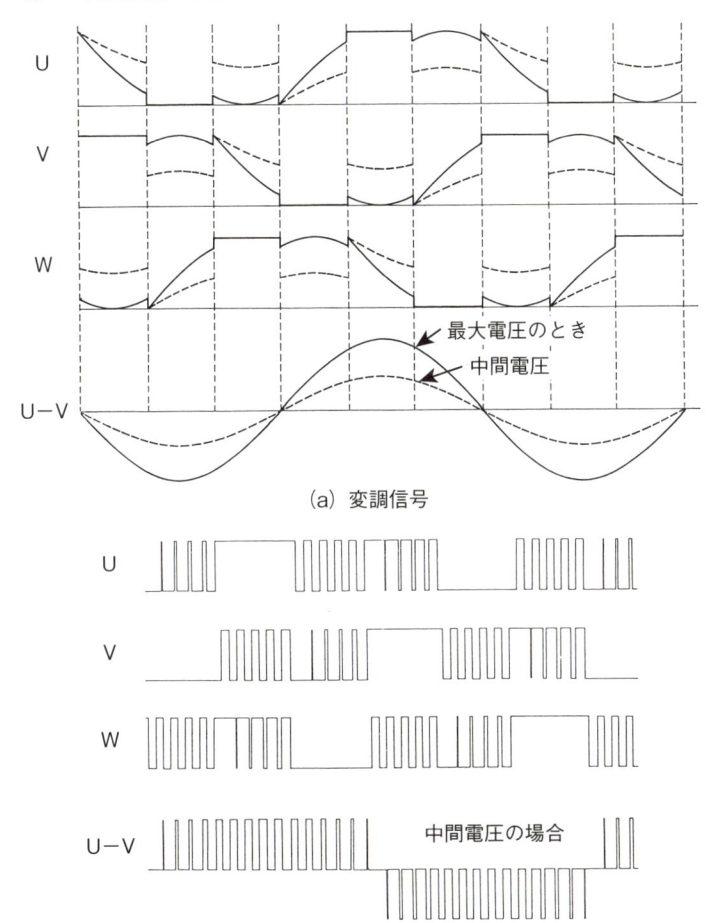

(a) 変調信号

　　最大電圧のとき
　　中間電圧

(b) 各相端子と端子間電圧波形

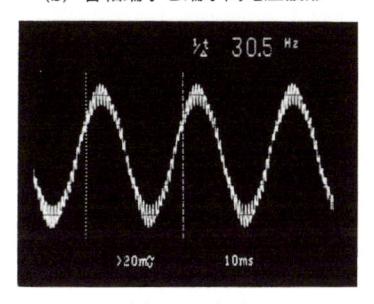

　　中間電圧の場合

(c) 電流波形

図5.16　高周波で PWM して正弦波に近い電流を得る

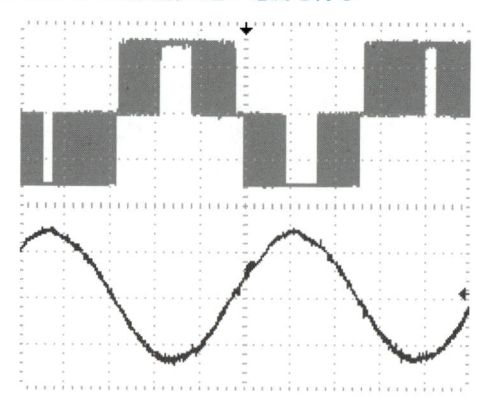

5.3 誘導モータのインバータ運転特性

3相ブリッジ型インバータを使って、誘導モータを可変周波数運転したときのモータ特性を論じたいと思います。

●5.3.1 E/f＝一定による誘導モータの平行推移特性

誘導モータでは、ステータとロータの間の空隙（ギャップ）の磁束密度を高くしすぎると効率が著しく低くなります。磁束密度とは、電磁界の物理量です。電気回路としてこれに相当するのが、ギャップ逆起電力です。つまり、ステータ巻線と鎖交する磁束と周波数 f に比例します。正常な運転状態では、ギャップ逆起電力 E（交流の実効値など）はインバータの出力端子の実効値 V よりも少し低い値です。インバータによって周波数と電圧を自由に調整できるのですが、E/f に様々な値を設定してトルクと回転速度の関係を描くと図5.17のような曲線になります。これは一つの曲線が左右に平行にずれるので、平行推移と呼ぶことにします。これは図2.11（p.59）でみた比例推移特性と対照的です。

平行推移特性のうちで利用できるのはトルクが最大になる点と、すべり0でトルクが0になる間の速度領域です。動作点をこの上にくるように運転します。

図5.17　平行推移特性

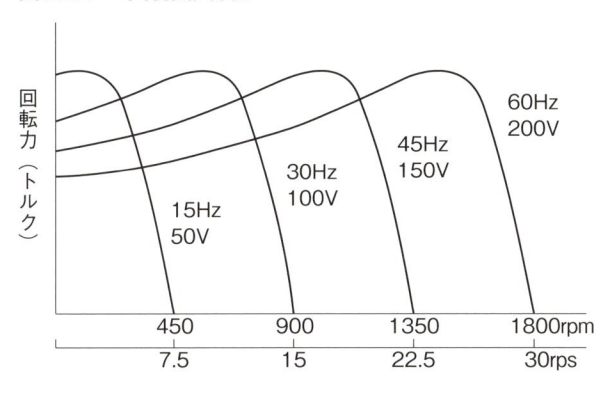

（15Hz 50V、30Hz 100V、45Hz 150V、60Hz 200V のトルク-回転速度曲線。横軸：450 / 900 / 1350 / 1800 rpm、7.5 / 15 / 22.5 / 30 rps。縦軸：回転力（トルク））

●停動トルク

この特性上で、負荷を重くしていくと、動作点は最大トルク点に達します。ここでさらに負荷を重くするとモータと負荷の釣り合いが崩れて、モータは急速に速度を落としてしまいます。そのときに

大きな電流が流れるので、これは避けなくてはなりません。これは、モータが電流を消費しながら止まってしまうという意味で、誘導モータの最大トルクは停動トルクと呼ばれることがあります（2.4.2項参照）。

ただし、負荷としてモータ（発電機）が接続されていて、適切な速度制御がされていれば、いま論じているモータが停止することはありません。この原理を使ってモータ負荷試験装置をつくることができます。

●5.3.2　総合的 T/N 特性

電気自動車用モータが典型ですが、ここでは広い速度領域で使用するモータのトルク対速度、あるいは出力対速度の特性を議論します。たとえば図5.18のような特性曲線です。速度の低い領域ではトルクを一定の上限値に設定して、ある領域からは出力が一定になるようにします。さらに高速では速度とともに出力が下がります。

ここでは、先の E/f ＝一定での運転の領域と、E がインバータの最大出力電圧に近い値になった結果として E ＝一定の領域に入る様子をこの図に重ねて示しています。

図5.18　誘導モータの T/N 特性

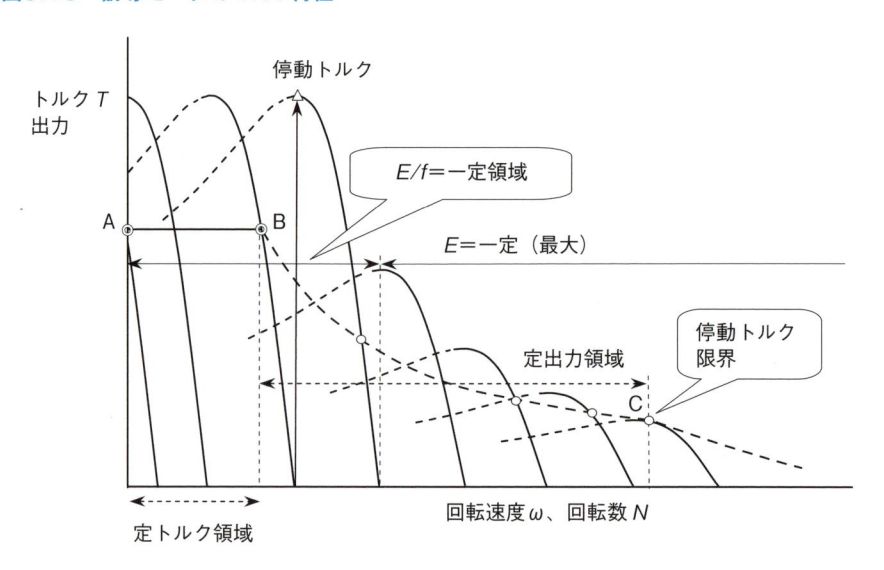

5.4 インバータ利用での注意点

インバータは便利な装置ですが、これを使いこなすためには、欠点というか副作用についても知っておくことが大事です。

●5.4.1 電力回生時の高圧発生

これは、自分でインバータを制作しようとする読者のための注意事項です。モータ駆動・制御用電子回路の設計に関する知識を総合的に網羅した専門書をほしいと思う読者は大変に多いだろうと思うのですが、そういう本の著作は容易なことではありません。アナログ・デジタル電子回路と各種モータの電磁現象の双方に深い知識をもった数人の共同作業が必要不可欠だからです。

ここでは交流モータをインバータで駆動する場合に注意しなくてはならない問題点の一部を紹介したいと思います。

1.3節に説明したように、誘導モータは同期速度より高速で発電機として作動します。

今、ある4極モータがインバータよって100Hzで運転されているとします。同期速度は3000rpmですが、2900rpmぐらいの回転数で回っているとします。ここで速度を下げようとして急に90Hzにすると仮定します。このような周波数になるスイッチング信号をIGBTなどの素子に印加すればよいわけです。すると同期速度は2700rpmに下がります。モータとその負荷には、慣性モーメントがあって、すぐには速度が下がらないので、モータは発電機になります。ということは、負荷の運動エネルギーが電力になって電源側に戻ろうとしているわけです。

このとき、電源と接続されているコンバータの回路構成によっては、電源への電力帰還が阻止されていることがあります。それは直流段の回路構成から判断できます。

図5.19のようにダイオードブリッジによって構成されていることが多いのですが、ダイオードに電流が逆流することはできません。逆流電流は平滑用コンデンサを充電します。するとコンデンサの端子間電圧は急速に上昇して、

図5.19　このような発想の基本的なインバータではモータが発電モードになったときに平滑用コンデンサを充電させ高圧が発生してIGBTなどの素子が破損する。これに対応する保護回路が必要である

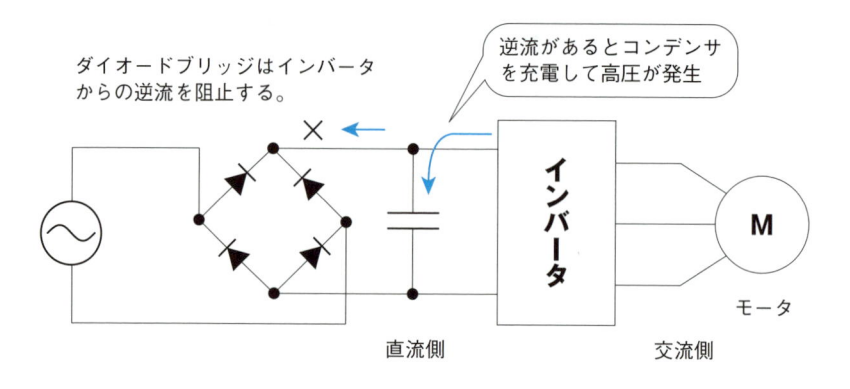

ダイオードブリッジはインバータからの逆流を阻止する。

逆流があるとコンデンサを充電して高圧が発生

インバータ

M

モータ

直流側　　　　交流側

インバータに使っているスイッチング素子の耐圧を超えてこれを破損します。

　この原因による破損の防止策としては、一時的に逆流してきた電流を放電する仕組みを設ける方法があります。

●5.4.2　実際のインバータとIPM

　先の図5.9は教育機器として筆者（見城）が設計したインバータでした。ここに示す図5.20は筆者（陳）の設計による小型モータ用多目的インバータです。これらには基本的な保護機能（短絡防止、過電流保護、制御電源の低下防止など）が組み込まれています。

　さて実際の特定の用途の製品としてのインバータの初期の事例が図5.21です。個別部品でさまざまのインテリジェンス機能を周辺回路として具備しています。この事例からもわかるのですが、パワーエレクトロニクスは大変に複雑になっています。個別素子で作るとこのように全体が大きくなります。

　そこで登場したのがIGBT、還流ダイオードおよびインテリジェント回路を一つのパッケージとして小型化した図5.22のようなものです。素子間の配線短縮によって寄生インピーダンスが低いために雑音低減も期待できます。これが intelligent power module で頭文字をとってIPMと呼ばれます。

図5.20　APECで多目的に設計されたインバータ

図5.21　個別部品で周辺回路を構成したインバータ

図5.22　IPM（Intelligent power module）；IGBT、還流ダイオード、ヒートシンクおよび様々の周辺回路を一つのパッケージにしている

●5.4.3　ノイズ対策

　PWMは便利な電力変換方式ですが、欠点もあります。それは上に見てきたように、PWMをつかうインバータは、誘導モータの速度調整に大変に有効な機器ですが、欠点としてノイズの発生を伴うことが挙げられます。電圧や電流に瞬時的な変化を起こさせるために、電磁ノイズが発生することです。しかもそのノイズの仕組みは大変に複雑ですので、本書の少ないページ数で十分な対策を記載するのは容易ではありません。専門書やインターネットなどからメーカーの情報にアクセスすることを勧めます。

●5.4.4　軸電流によるベアリングの劣化

　インバータ利用で起きるもう一つのトラブルがこれです。ファンを使った風の制御には、インバータは必要不可欠な機器です。半導体の製造装置においては、防塵や温度管理のために空気の流れは精密に制御されています。ここには多数のインバータが使われます。台湾では各国で開発された半導体製造装置を使っているのですが、そこで起きたのがインバータによるベアリングの劣化での事故です。高周波のパルス幅変調のために、浮遊静電容量を通して変位電流が流れやすくなります。この電流は巻線ではなく巻線の周辺とベアリングを経由します。ベアリングのボールと外輪・内輪に電流が流れると化学反応による腐食が起きます。

　この電流の経路は巻線の絶縁体選定や使い方、そしてモータの製造時の工作精度にも関係することがわかっています。学会（たとえば日本電気学会）を通した専門家の情報交換によって最近のモータではベアリング劣化は少なくなっているようです。

●5.4.5　ノイズレスインバータ

　用途によっては、電力パルス技術によるインバータが不適切なことがあります。それに対処する方法は、アナログ回路によるインバータです。そのための素子として、昔はバイポーラトランジスタを使ったのですが、最新式なのがパワーオペアンプです。これはオーディオアンプの技術に大変に近いものです。図5.23が回路構成の一例です。

図5.23　パワーオペアンプを使う正弦波インバータの基本回路

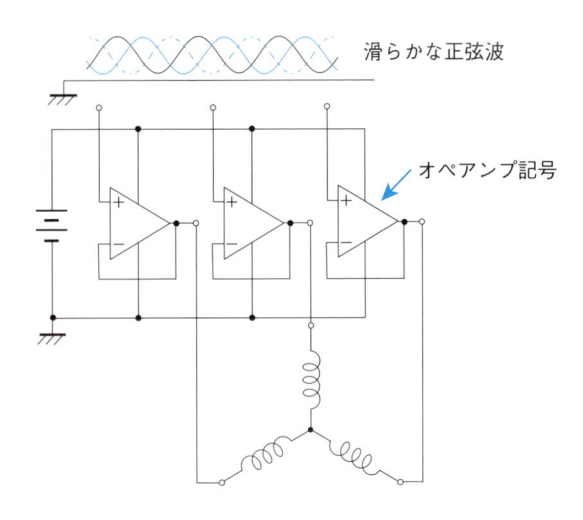

　オペアンプというのは、入力段のインピーダンスは大変に高く、出力インピーダンスは極めて0に近い素子です。そして入力端子と出力端子は、ほとんど同電位で作動する素子です。

　しかし同時に欠点もあります。それはオペアンプ内での熱の発生が大きいことです。この熱を放散するための対策が必要です。

●5.4.6　エアコン用インバータの技術変遷

　図5.24は3相ブリッジ型インバータの使い方において、日本の技術の進歩・変遷を簡潔に示すものです。(1)は1980年代に籠型誘導モータを使ったときのもっとも簡単な方式です。(2)以降は永久磁石同期モータを使いながら、位置センサの方式としてはセンサレスであり、どんな物理量（逆起電力や電流）をどこで観測するか日本メーカによる考案の類型で示すものです。

◎第5章の参考資料
[1] T.Kenjo: *Power electronics for the microprocessor age*, Oxford University Press, 1994

図5.24

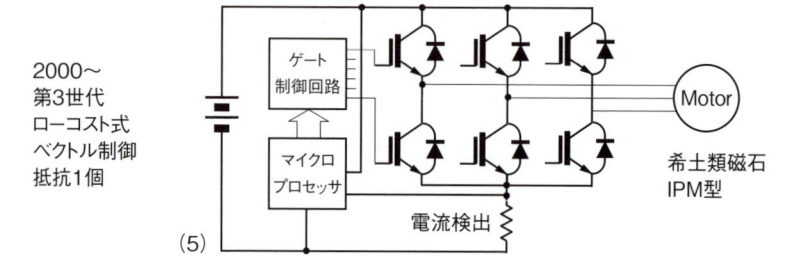

(1) 1980〜1990
誘導モータ

誘導モータ

(2) 1990〜2000
逆起電力の
ゼロクロス
フェライト磁石
ブラシレスモータ

フェライト磁石
SPM型
電圧検出

(3) 2000〜
第1世代
ベクトル制御
電流センサ利用

希土類磁石
IPM型
電流検出

(4) 2000〜
第2世代
ベクトル制御
低抵抗3個利用

希土類磁石
IPM型
電流検出

(5) 2000〜
第3世代
ローコスト式
ベクトル制御
抵抗1個

希土類磁石
IPM型
電流検出

第6章

SRモータ

　本書の最後は、関心が高くなってきたSRモータの実際的なことを紹介したいと思います。ここでは、著者（陳）の研究室（国立宜蘭大学APEC、Advanced Power and Energy Center、先進動力与能源実験室）での試作研究をしばしば引用します。

6.1 古くて新しいモータ

　これから語るSRモータ（スイッチリラクタンスモータ）は、モータの技術史の中で最も古くて新しいモータです。古くて新しいというのはどんな意味でしょうか？

　電流が磁気を発生することを最初に発見したのは、デンマークのエルステッドです。それは1820年のことで、その発見はヨーロッパ中の科学者と数学者に大きなインパクトを与えました。

　これは今日でいう電磁石の原理に通じるものです。電磁石が鉄片をひきつけることは今では誰でも知っています。この原理を使って、回転するモータがスイッチリラクタンスモータです。

　英国とフランスでは、この原理を使ったモータが1830年代後半から制作・研究されていたのですが、このモータに代わって今日でいう直流モータが急速に発達してきました。そのきっかけは、イタリアのパシノッティが1850年代に発明した整流子によるものでした。第1章と第3章で見たように、整流子は巻線に流れる電流を、スパーク（火花）の発生をおさえて連続的に電流路を切り替える装置です。これは当時としては大発明でした。しかし、整流子を使っても火花の発生による摩耗がはげしいので、火花の出ないモータの発明を大きな目標にしたのがユーゴスラビア生まれのテスラです。それが今日でいう回転磁界型交流です。このモータの中で最も重要で広く使われているのが、籠形誘導モータです。前章までにこのモータの分類や使い方と特徴を見てきました。

　ではなぜ、SRモータが今になって脚光をあびるようになったのでしょうか？　その第一の理由は、高価な永久磁石を使うブラシレスモータに代わるモータとしての期待ですが、そればかりではありません。銅やアルミニウム資源の有効利用のためです。人類のこれからの長い将来を見据えたうえで、電気の供給や電気自動車の普及を考えると、電気を流すのに適した金属である銅とアルミを節約する必要があります。

　これは構造を見るとわかるかと思います。

Column
「モータ名について」

　SR と は Switched Reluctance の頭文字をとったものです。ここで reluctance は電気工学の分野では磁気抵抗のことです。つまり磁気回路で、磁束が通りにくい度合を表す用語です。では Switched とはどんな意味あいの言葉なのか考えてみましょう。

　SR モータは、中国語では切替式磁阻馬達と記します。磁阻は磁気抵抗です。Switched は切り替えられるという意味ですから、磁気抵抗が切替えられながら動くモータということでしょうか？　無理に日本語で磁気抵抗切替式電動機と表記するよりも、スイッチリラクタンスモータとするのが自然です。過去分詞を示す ed を気にして電気学会ではスイッチトレラクタンスと記すようですが、これはかえって不自然です。英語でもこのような ed は軽い t の音であってほとんど聞こえないからです。直流モータのことを英語では direct current motor と記しますが簡略化して DC motor と呼びます。それにならって短い SR モータを定着させたいと思います。

図6.1　様々のロータがある。右の最も簡単な構造が SR モータ用のロータである

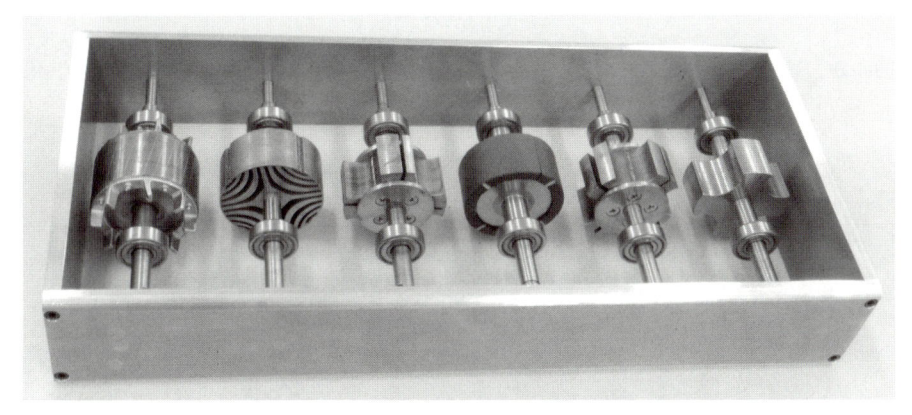

6.2 SR モータの原理

SR モータの基本的なことを、トルク発生の原理と、このモータに使うパワーエレクトロニクス回路の機能の面から見ることにします。

●6.2.1 銅量を減らしてコンパクトなモータ

図6.2の写真は、SR モータの典型的な構造を示したものです。これから、SR モータの特徴として次のことが言えます。

◎ステータとロータの鉄心の両方に凸極構造（ポール）があり、ステータのポールには巻線がある
◎誘導モータや同期リラクタンスモータに比べるとステータの巻線が簡単
◎ロータには銅線も永久磁石も使わない

ではなぜ、このモータが電気技術の揺籃期に、一時的に語られなくなったのでしょうか？　それは電流の制御が複雑なためです。それがパワーエレクトロニクスの技術の発達によって克服されてきたのです。

図6.2　SR モータのステータとロータ：ステータは集中巻でロータには巻線がない。双方に凸極がある

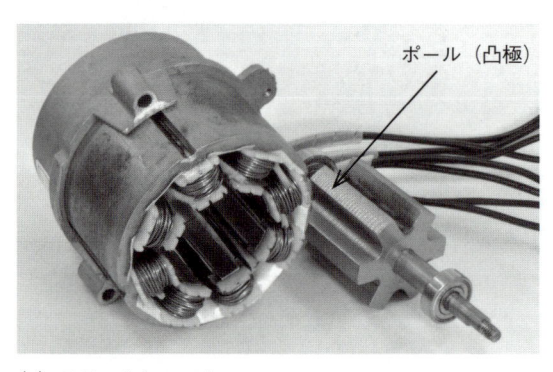

（a）ステータとロータ　　　　　　　　　　（b）鉄心断面

●6.2.2 トルク発生の原理

電磁石が鉄片をひきつけます。SRモータはまさにこの現象を利用するモータです。

図6.3は、ステータのポール（凸極）と、ロータのポールとの間に発生するトルク（回転力）と、電流の切り替えメカニズムを説明するものです。

最初に、ステータのポールとロータのポールは整列していない状況から始めます。図6.3(a)はステータのポールに巻かれたコイルに電流が供給されて、電磁石になったときの磁力線の様子を示しています。

ここで、磁力線にはロータやステータ鉄心の面に、ゴムひものように張力がはたらくと考えると、励磁（磁界を発生するために電流を流すこと）によって、ステータの突極（ポール）とロータの突極が整列する向きにトルクがはたらくことがわかります。

●リラクタンス

リラクタンス（reluctance）とは磁気抵抗（つまり磁束の通りにくさ）のことです。磁束を発生させようとする根源は、電流とコイルの巻数の積です。図6.3(b)はステータとロータのポールが整列した（alingned）ときの様子で、磁気抵抗がもっとも低い状態です。この事例が物語るように、励磁されているポールの下では磁気抵抗が低くなろうとする向きに力学的な作用が双方の凸極にはたらき、シャフトにはトルク（回転力）として現れます。別の言い方をすると、巻線に電流を流すと、磁束がすこしでも多く発生する方向にトルクが発生します。

●ハーフブリッジ

ここでSRモータ用の駆動回路との関連を見ておきましょう。図6.4がそれです。これはハーフブリッジと呼ばれる回路です。前章の図5.7(g)はH型ブリッジと呼ばれる回路です。それは巻線に流れる電流の向きを制御するためにIGBTを4個使うものでした。SRモータでは巻線電流の向きは一方だけですから、スイッチング素子は1相あたり図6.4のように2個だけで十分です。図6.4（左半分）は、電源から巻線に電流が供給されている様子を示します。

もう一度、図6.3(b)に戻って、この状態でいつまでも電流を流し続けると、ポールが整列した状態でロータは静止し続けようとします。そこで2つのス

イッチ S_1 と S_2 をターンオフします（図6.4右半分参照）。磁気抵抗が小さい状態はインダクタンス L の大きな状態です。大きなインダクタンスには電流が流れ続けようとするので、電流は2つのダイオードを通って電源に戻ります。つまり、電源のマイナス端子から電流が流れ出してプラスの端子に流れ込もうとします。これは、ポール間の空間にたまった磁気エネルギーが、電源に戻ろうとする現象だと解釈できます。

●6.2.3 発電制動作用

しかし、ここで現象をよく観察すると、それだけではないことに気づきます。つまり、ロータ、あるいはそれに接続された負荷には慣性モーメントがあるので、惰性でさらに時計方向（CW）に回転が続きます。それを示すのが図6.3(c)です。このときの磁力線の様子を見ると、惰性で回るロータを戻そうとするトルク（制動力）がはたらいています。制動力が発生して電源に電流が戻っているのは、発電制動と呼ばれる現象です。

モータとしての力行と制動が繰り返されるのは、できれば避けたいので、(a)から(b)に至る間にスイッチをターンオフして、整列状態では電流ができるだけ早く消滅するのがよいです。

2つのダイオードを通電しているときには、巻線には逆電圧のほかに、ロータが速度をもっているために発生する逆電圧もかかるので、電流の消滅は早いです。このことは6.5節の電流制限のところで詳しく述べています。

図6.3 SRモータの基本原理；(a)の状態でステータの凸極が励磁されると空隙周辺に磁力線の曲がりが発生してCW方向のトルクがロータにはたらき、(b)のように整列しようとする。慣性で回り続けて(c)のようになると制動力が発生する

(a) ステータのポールが励磁されて凸極型ロータにCW方向のトルクが発生する様子を磁力線の曲がりで解釈する。

$\psi = N\phi$，N：巻数

(b) 整列状態では磁気抵抗が最小でトルク＝0

(c) 慣性で回り続けて負トルク（制動力）が発生する。

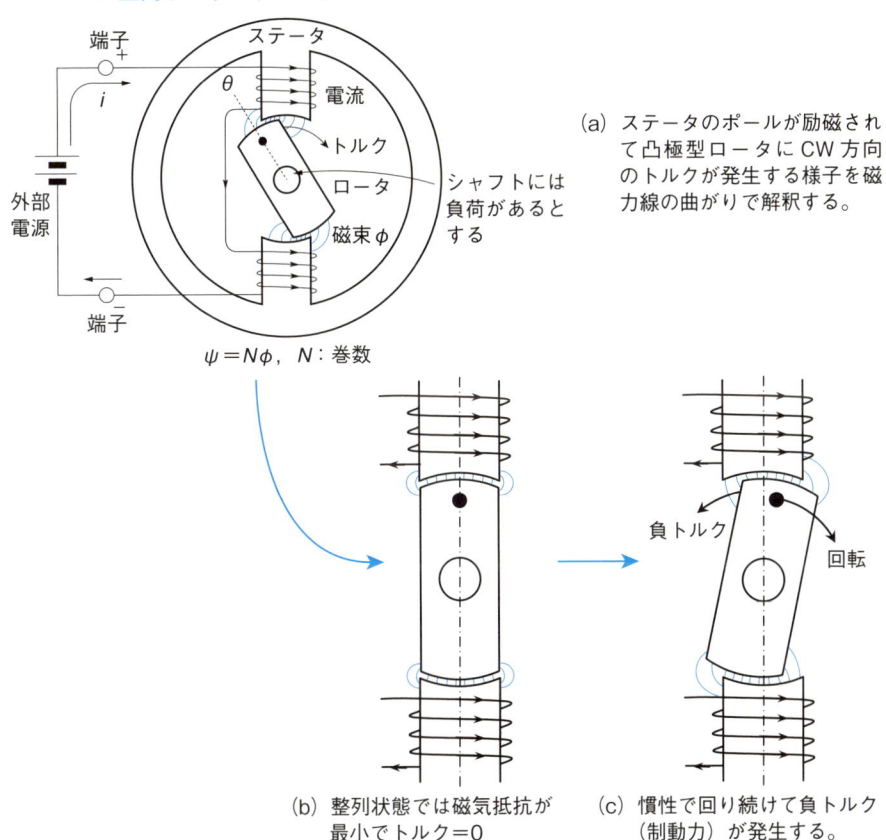

図6.4 ハーフブリッジ回路

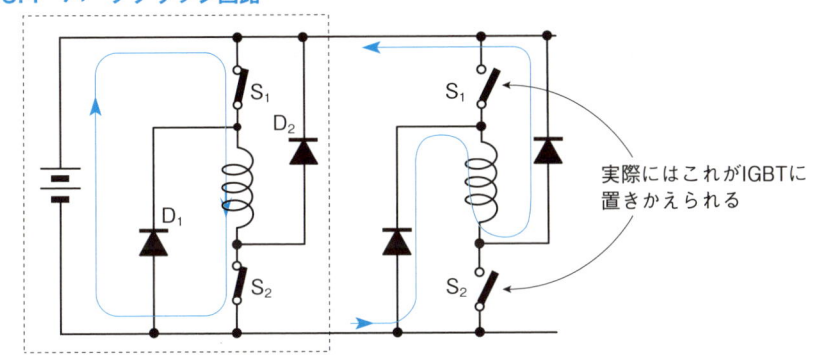

実際にはこれがIGBTに置きかえられる

6.3 SR モータの分類

いろいろなタイプの SR モータが提案され使われています。ここでは基本的なものに限定して解説します。

●6.3.1 基本的な3相6-4型

いま見た図6.3の構造で、回転が持続するためには、ステータに別のコイルが必要です。そしてロータの凸極構造にも工夫をします。いろいろの構造が考案されたのですが、現在基本とされるのが、図6.5に示すような断面構造をもつ3相6-4型です。つまりステータに6個のポールとロータには4個ポールのものを組み合わせます。

この図に指示しているポールアークの大きさとして、基本になるのがステータもロータも30°です。実際にはそのほかの要素と用途によって若干の形状の違いがあります。

このように巻線が3相方式のものは、ロータの位置によってどの相を励磁するかのとり決めの変更によって逆転ができます。

駆動回路としては、図6.5(d)のように3個のハーフブリッジを電源に対して並列に配置します。

ステータ巻線は、3相でU、V、Wと呼ぶことにします。いまU相が励磁されて、ロータポールのABの組が整列しています（図6.5(c)）。次にV相に励磁するかW相が励磁されるかによって回転方向がCWかCCWかになります。つまり、

　　U→V→W→Uのときは　CW
　　U→W→V→Uのときは　CCW

です。ただし、実際にはスイッチング素子（MOSFETやIGBT）をオン・オフするタイミングの調整が重要です。

例えば、モータを起動するときと、電流が立ち上がってロータがある程度の速度を得たときでは、オン・オフのタイミングを変えることによって効率のよい運転ができます。

図6.5　3相6-4型の断面と駆動回路

(a) 6-4型のプロトタイプ

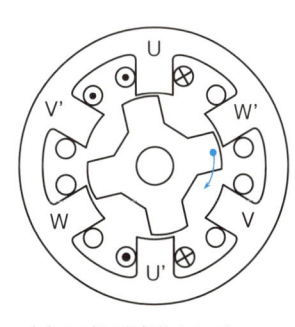

(b) U相が励磁されてロータがCW方向にトルクを受けて回っている

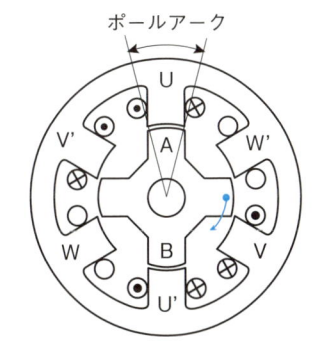

(c) U相で整列が起きるが電流は還流ダイオードを通って電源に帰る。V相の電流が流れ始めていてCWにトルクがはたらき続ける

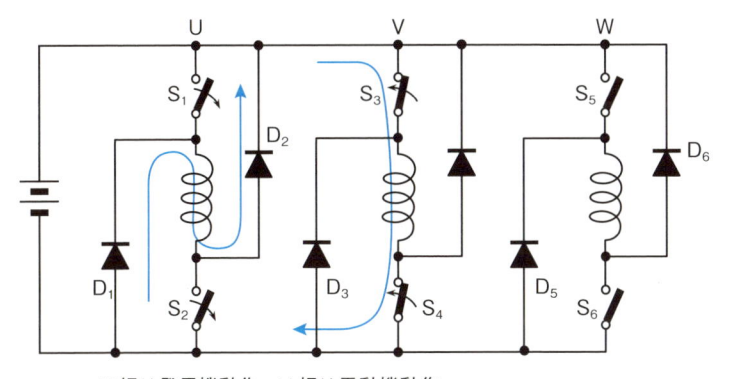

U相は発電機動作　V相は電動機動作
(d) 上の(c)においてU相からV相への転流のときの各相の動作モード

●6.3.2　実用的な12-8型

実際に製造されるのは、6-4型のいわば2倍体で、12-8型が多いです（図6.6）。これはSRモータに起きやすいオーバリゼイション（ovalization）と呼ばれる振動を起きにくくするためです。6-4型では180°対向のステータ位置にはたらく電磁力が解放されたときに、わずかの変形があってステータが楕円形（oval）になるとされ、これが騒音の源になります。12-8型では、励磁される場所が90°間隔のために、電磁的振動が起きにくくなります。

図6.6(b)は、軽自動車クラスの電気自動車用に開発された12-8型のロータです。この設計では、トルク脈動をおさえるために、ロータポールの断面形状は、精密な計算に基づいて設計されています。

●6.3.3　2相SRモータ

SRモータの開発の歴史を調べると、1960年代末から70年代には2相モータが提案されました。その典型が、図6.7の断面構造でみる構造のものです。ここに回転原理を説明していますが、2相モータの特徴は、ロータのポール面に段差をつけることによって回転方向が決まることです。風をおくるファンでは、逆転の必要がありませんから2相モータの用途の一つです。

2相モータは回路の素子数が少ないことがメリットです。

2相にもポール数を2倍にしたものがあります。図6.8はAPECで制作した8-4型の写真とロータ構造の立体図です。

●6.3.4　4相モータ

相数を4に増やしたSRモータがあります。その基本が4相8-6型です。図6.9と図6.10はその鉄心構造とAPEC製のプロトタイプを示すものです。

4相モータでは、2つの相の巻線が同時に励磁される期間が、3相に比べて長くなります。図6.11は1相だけが励磁されている場合と2つの相が励磁されている場合の磁束の流れを示す事例です。

3相に比べて4相SRモータの利点は次の2つです。

(1) 体積あたりのトルクが若干大きい
(2) トルクの変動幅が少ない

図6.6　3相12-8型(a)の断面とU相が励磁されたときの磁路：90°間隔のために磁界による鉄心の振動が抑制される

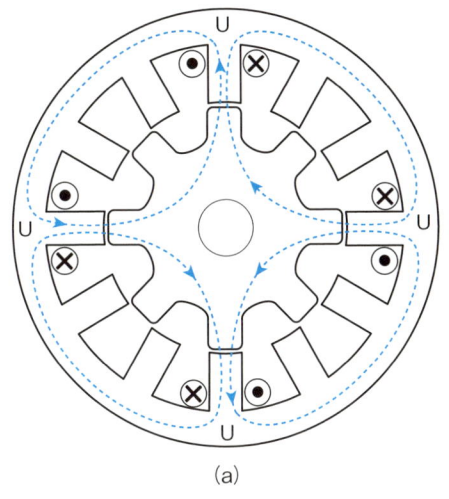

(a)

(b) 実用機の事例。ロータポールに丸みをつけて回転を滑らかにし、騒音をおさえる（日本電産滋賀技術開発センター提供）

図6.7　2相4-2型の回転原理

B相が励磁されてポール端に強い磁力線が発生してCWにトルクがはたらく

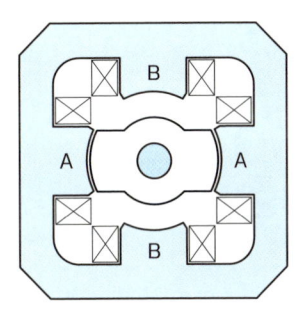

(a) A相が励磁されて整列している。B相では反整列状態。Bが励磁されたとき、この構造では回転方向が決まらない

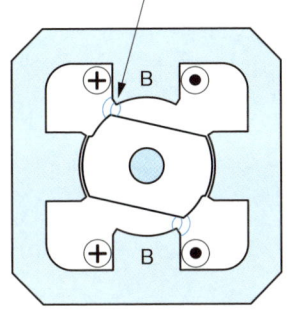

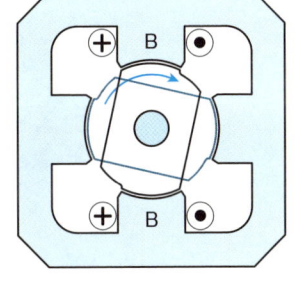

(b) ロータのポールに段差（ステップ）をつけることによって、A相からB相に転流して励磁したときに、ロータは時計方向（CW）に回転して右のように1ステップ（この場合には90°）動く

図6.8　2相8-4型の試作モータとロータ構造

図6.9　小型4相8-6型試作モータ

APECでの試作

図6.10　4相8-6型の鉄心構造

図6.11　8-6型での磁束の流れ

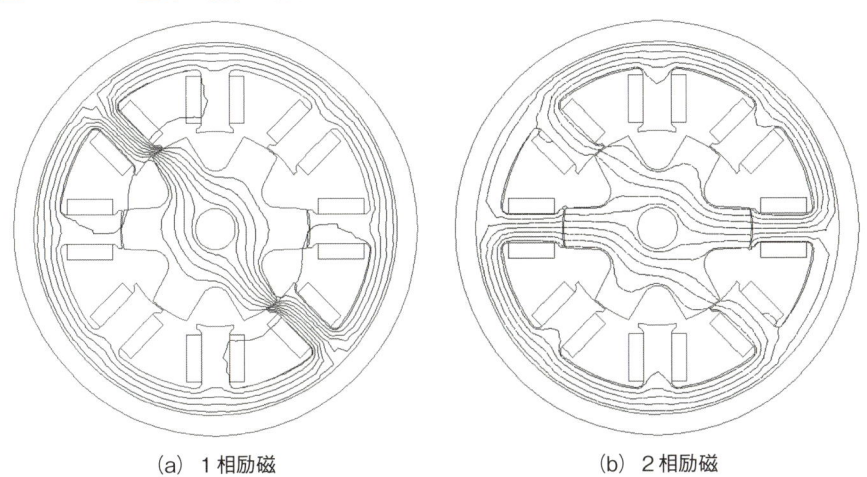

(a) 1相励磁　　(b) 2相励磁

●6.3.5　全節巻

　SRモータの開発史の初期のころから、全節巻のSRモータは高いトルクを発生するという説があり、特許もあります。ただ、実用化された事例はまだないようです。全節巻とはどんなものでしょうか？　6-4型で試作した事例を示すのが図6.12です。コイルエンドが大きくなり、巻線が複雑になり、しかも巻線抵抗が大きくなるためにメリットはそれほど大きいとは言えません。SRモータの特徴は、集中巻によって巻線が単純でコイルエンドが短いことです。

図6.12　全節巻ステータの事例

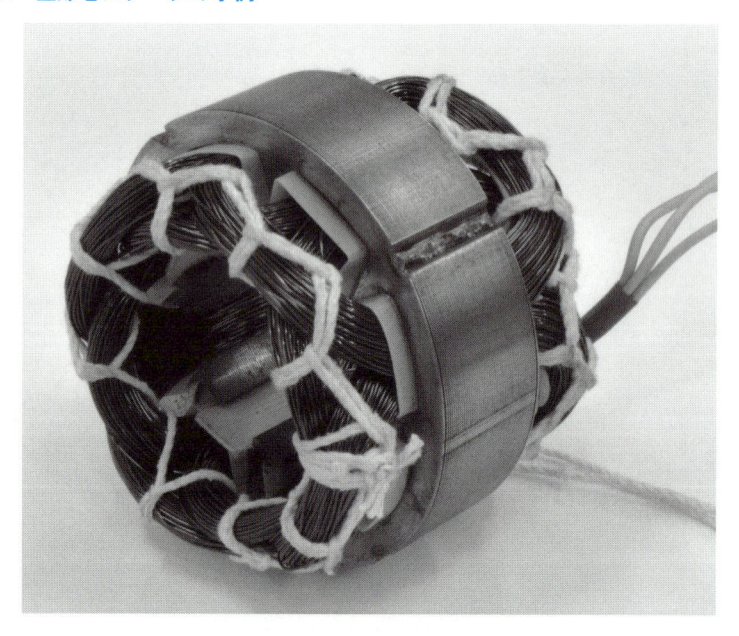

6.4 巻線と双凸極に関するパラメータ

ここでSRモータの巻線と双凸極構造に関するいくつかの用語とパラメータとの定義などについて解説します。

● 6.4.1 用語とその定義

●(1) ポール

ステータもロータも凹凸構造になっているのですが、凸の部分を「ポール」と呼びます。凸極と呼んでもよいかと思いますが、日本電気学会では「突極」という用語で、いろいろのことを呼ぶことになっています。専門家の中には、「極」と呼ぶ人もいますが、本書では「ポール」とします。ステータのポールには巻線を施します。この巻線は一個のポールに集中的に巻くので、集中巻と呼びます。ただし、太い電線にかわって細いエナメル線を並列に巻くことも少なくありません。

●(2) 相数とポール数

・ステータ巻線の相数　m
・ステータのスロット数　N_s
・ロータのポール数　N_r

本書では m 相 N_s-N_r 型と記しています。例えば3相6-4型とか2相4-2型と記します。ただし、6-4型というだけでこれは3相巻であることが明らかです。

●(3) モータ形式の呼び方

SRモータの基本設計の形式を示す呼び名、あるいは記号として、上の m、N_s、N_r の順に、例えば $3m/12s/4p$ とあるいは $3m$-$12s$-$4p$ と記したり、3相12スロット4ポール型と呼んだりするのは適切だと思います。この順序が重要なので、これを標準として勧めます。ただし、表6.1からも想像できるのですが、ステータのスロット数がわかると相数が決まるので6-4型とか6-4タイプと略称することも可能です。

表6.1 相数、ポール数、ステップ数の関係

相数 m	ステータ スロット数 N_s	ロータ ポール数 N_r	ステップ数 $S=mN_r$	ステップ角 $\dfrac{360°}{mN_r}$
2	4	2	4	90°
2	8	4	8	45°
3	6	4	12	30°
3	6	8	24	15°
3	12	8	24	15°
3	12	10	30	12°
4	8	6	24	15°
4	8	12	32	11.25°
5	10	8	40	9°

●6.4.2　ステップ角 ε、ステップ数 S および分速 N

(1) ステップ角（step angle）.

先にステップ角の定義を与えたのですが、それはステータ巻線相数 m とロータのポール数 N_r に関係して次式で決まります。

$$\varepsilon = \frac{2\pi}{mN_r} \tag{6.1}$$

(2) ステップ数（step per revolution）

1回転を回転するのにステップを何回繰り返すか、これをステップ数と呼んで記号 S で表すことにします。

$$S = mN_r \tag{6.2}$$

この式が表しているように、ステップ数はステータ巻線の相数とロータのポール数の積であり、ステータのポール数は見かけ上は直接的には関係ありません。表6.1は代表的な構造におけるステップ角とステップ数の一覧です。

(3) 分速（revolutions per minuet）.

毎相の電流のサイクル数（周波数）を f とすると、毎分の回転数は次式で与えられます。

$$N = \frac{60f}{N_r} \tag{6.3}$$

Column
SRモータの駆動回路をつくる

　SRモータの駆動回路を実験室で制作したいということがあります。そのときに手っ取りはやいのが図6.13に示すように、汎用モジュールインバータを2個使う方法です。

　APECでは、2、3、4相モータに対応できる多目的ドライバーを設計しました。後の図6.17や6.18の写真に見えるものです。

図6.13　汎用モジュール3相ブリッジインバータを使ってSRモータ用3相ハーフブリッジをする

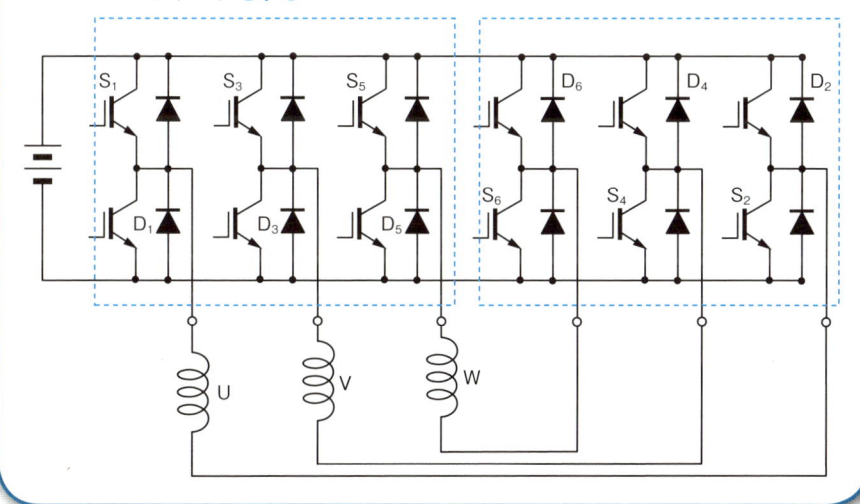

●6.4.3　回転磁界型モータとの関連・相違・比較

　前章までに見てきたように、回転磁界型モータでは、巻線に流れる電流の周波数 f と極数 $2p$、分速 N の関係は次式で関係づけられます。

$$N = \frac{60f}{p} \qquad (6.4)$$

　SRモータでは、磁極の極性（NS）には無関係にトルクの発生が起きるともいえるので、これらの比較からも類推されるように、極数に代わって重要な意味をもつのがロータのポール数 N_r です。

6.5 電流とスイッチングタイミングの制御

SRモータの制御は、誘導モータのインバータの運転による制御に比べると、さまざまの違いがあります。永久磁石を使うモータのブラシレスモータの制御法とも異なります。ここではその要点に触れておきたいと思います。

●6.5.1 電流制限方式

SRモータの典型的な用途の一つが遠心分離機です。高速運転モータです。モータは高速にするほど、同じ体格から大きな出力が得られます。逆にいうと、強い永久磁石を使ったモータは小型で強力です。これに対抗するには、SRモータで高速運転を可能にすることです。

ロータ表面に磁石を貼り付けた方式は、磁石の破損・飛散の心配がありますが、SRモータは大丈夫です。籠形誘導モータでは、アルミや銅の導体が遠心力のためにスリットから飛び出てくる心配があります。

高速運転のための電気的対応として、電流の変化を速くするために高電圧電源を使います。これに付随して、電流制限回路が必要になります。

●早い立ち上がり

先に説明したように、トルクの発生のためには、二つのスイッチS_1とS_2をオンして反整列状態にあるステータポールに電流を注入します。ここで十分な電流によって磁界を発生してリラクタンスの大きな変化を利用してトルクを発生して整列状態に引き込みます。

反整列状態では巻線インダクタンスが低いので、電流の立ち上がりは早いのですが、それでも回転するとすぐにLが大きくなること、また高速運転では立ち上がりに要求される時間は短いことがあって、SRモータの高速運転のためには高い電圧が必要とされます。

しかし、立ち上がった電流を一定の値以下に抑える必要があります。なぜかというと半導体スイッチング素子には流せる電流の限界があって、それを超えると素子が破損するからです。もう一つはモータ内の磁気回路にとっても、励磁が強すぎるとジュール熱の割りには、磁気飽和のためにトルクがそ

れほどには大きくならないからです。

● **電流制限のための free-wheeling 回路**

電流制限の方法ですが、図6.14で説明するように、一方のスイッチ素子（S_1）を高速スイッチングします。このとき電流の上限と下限を決めておいて、上限を超えるとS_1がオフして、D_1を通る循環路電流を形成し、電流が自然減して下限を超えたら再度をオンして電源からの電流供給を受けます。

ここで free-wheeling ダイオードと呼ばれるダイオードの説明をします。モータの負荷としてはずみ車をつけると、電源を切ってもしばらくの間は電流が流れ続けます。これははずみ車の慣性モーメントのためです。回転運動と電流は似ているところがあって、コイルのインダクタンスが大きいと、電

図6.14 電流の制御方式。基本的には鎖交磁束ψの低い位置で高い電圧でオンして電流を立ち上げ、上のスイッチ素子によって電流制限してトルクを制御してロータを回転させる。整列のすこし前に2つのスイッチをオフ

| 上下のスイッチをONにして電流を立ち上げる | 上のスイッチをON/Offして電流を循環させる。D_2は free-wheeling ダイオードとして | 上下のスイッチをOffにして電流を電源に戻す |

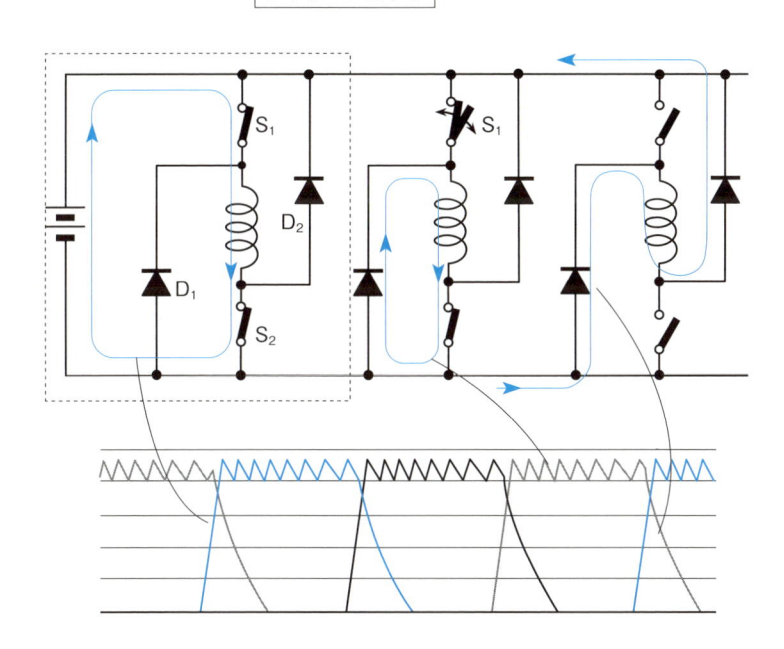

圧がゼロになっても電流は流れ続けようとします。流れ続けようとする作用を止めようとすると危険なことがあります。そこでモータを駆動する回路では、そのための電流路が自然にできるようにします。それが図6.14ではダイオード D_1 のはたらきです。

これがPWM（パルス幅変調、pulse-width modulation）制御によって電流が制御できる原理です。

電流を速やかにゼロにするには、S_1 と S_2 をオフにします、するとダイオード D_1 と D_2 の双方が電流路を形成して、電流は電源に戻ります。このとき、ギャップに形成されていた磁気エネルギーが電源に戻るのですが、実際には電源に並列に接続されているコンデンサ、あるいは次に励磁された相の巻線に流れます（ちなみに、図5.7ではダイオードが電源に還る電流路を形成するので、還流ダイオードと呼びました）。

電流制御は、効率の高い運転のために、各相の回路に組み込む必要があります。電流センサは3相モータなら3個必要になります。大型のSRモータにはこれは必要不可欠な技術です。しかし小型モータの場合には、回路のコストを抑えるために1個の電流センサだけを使って電源から供給される総合電流をPWM制御する方式もあります。

●6.5.2　導通タイミングの制御

SRモータは加速すると、電流が制限値に達する前にターンオフになります。この状態で制御できるのは、オンとオフのタイミングだけです。低速での基本的な導通角は3相モータなら電気角で120°です。つまり3相のうちのどれか1相だけが励磁されるように指令されます。実際には、インダクタンスのために電流が流れる期間は120°より長いです。速度が速くなってからは、反整列の前にオン指令をだして導通角を120°よりも大きくすることもあります。また減速させるときのタイミングは別です。

いろいろの制御法があるのですが、Millerの本[1]に記載されているもので基準になるのが、図6.15のタイミングチャートです。図6.16はこの方法を採用した場合の電流波形の典型です。

APECでは小型のSRモータのためにコストダウンのためもあって、若干異なったスイッチング法を研究しています。

図6.15 点弧角シーケンスの事例：電気角60°分割のセンサを用いる場合の運転モードと励磁区間

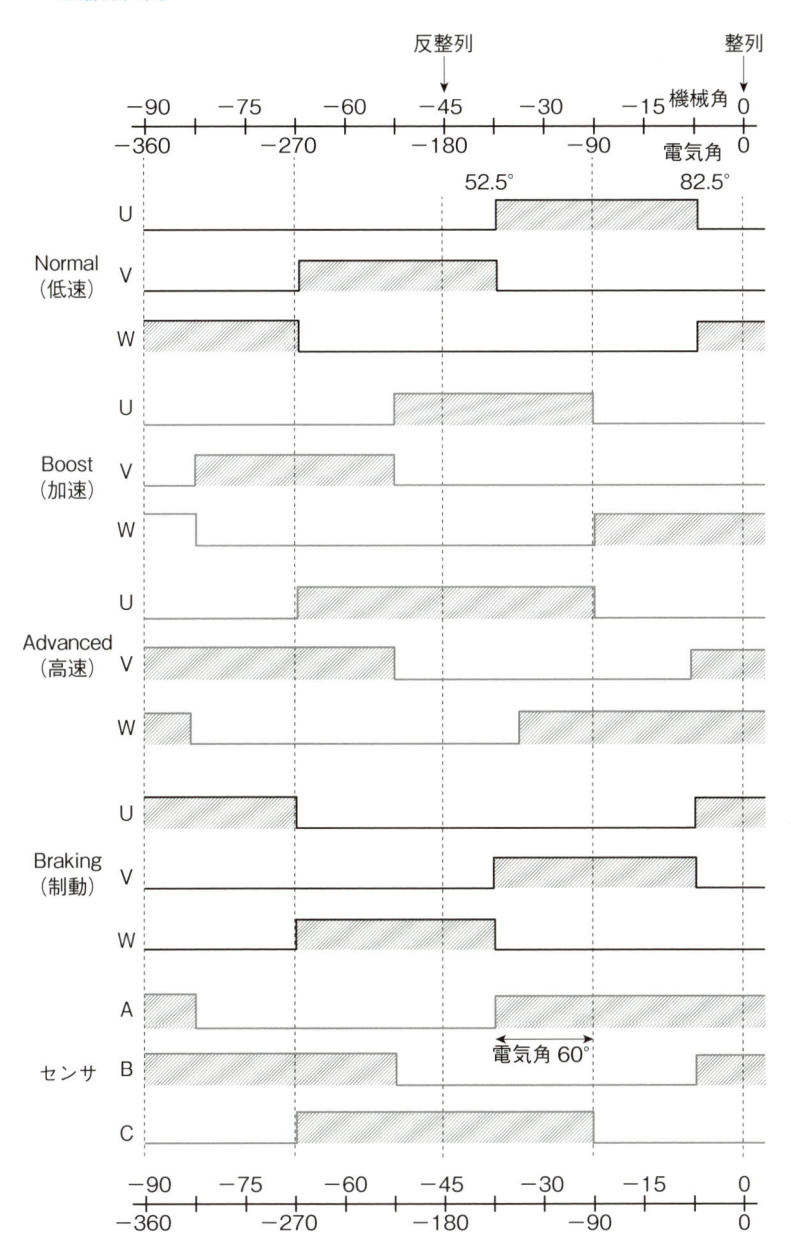

図6.16　代表的な電流波形

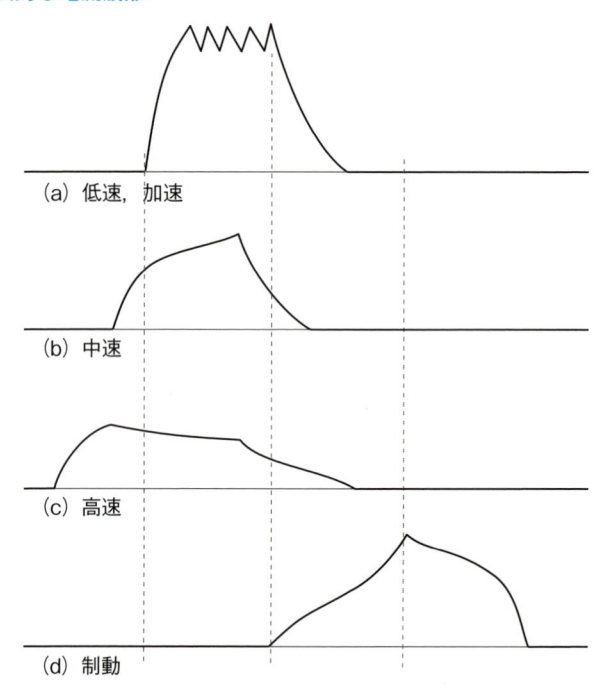

(a) 低速, 加速

(b) 中速

(c) 高速

(d) 制動

6.6 SRモータを2輪車の動力にする

小型SRモータの応用対象の一つに電動バイクがあります。ここに紹介するのは著者（陳）の先進動力与能源実験室研究室（APEC）での修士課程におけるプロジェクト事例です。

●6.6.1 プロジェクトの目的

どこの国の工業教育の歴史にも共通していることですが、実用的なことを教育・訓練する学校が大学に昇格するときに、教授陣に求められるのが修士や博士の学位です。ベトナムのある職業学校でも同様なことがあって、ある教師（Fさんとします）が修士の学位を取得するために、宜蘭大学のAPECでプロジェクト研究を行うために留学してきました。

Fさんは実際のものづくりの指導の面では優れた能力をすでにもっていたので、それを生かした総合的な課題として、小型のSRモータを動力とした電動バイクの設計・製作・評価を課題にすることになりました。その概要を紹介することによって、SRモータの設計から応用までの全体をみることができると思います。

筆者の研究室は、小型モータであれば様々な種類のモータを同時に比較できるような配慮をしています。同じぐらいのステータ外径で、籠形誘導モータ、2極および4極リラクタンスモータ、2、3、4相スイッチリラクタンスモータが常に製作されたり試験されたりしています。

さきにも記したように、単位体積あたりのトルクの高いSRモータが4相巻線の方式で、APECでの実績が多いのもこのタイプです。さきの図6.2のモータが、このために使われた4相モータです。

図6.17 SRモータのロータ加工

これを基にして実用設計の提案論文としての課題があります。つまり、モータ自体の改善、駆動回路の改善などいくつかのソリューションを提案するものです。

● **6.6.2　研究室の体制**

では、モータそれ自体の設計製造はどのようにしているのか？　大学の近

図6.18　負荷試験装置

APEC 標準駆動回路

図6.19　インダクタンスの計測装置

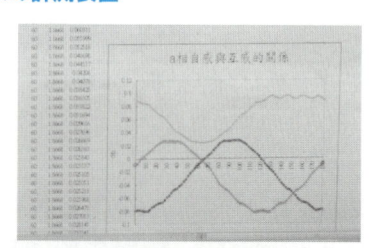

(a) パソコン表示

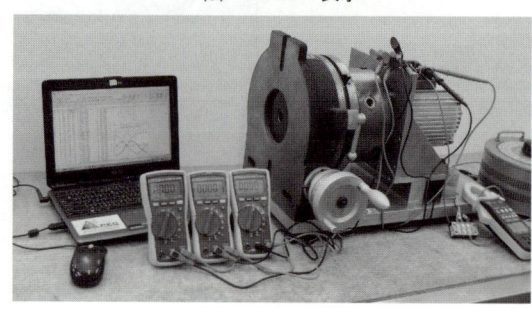

(b) 全システム

くに協力会社があります。例えば機械加工は日本でいう町工場で、即座に必要な機材を制作してもらえます。図6.17の写真はそこでSRモータのロータを加工している様子です。

APECには、学部の2年生から入ってきますので、巻線の上手な学生さんが育ちます。

モータの駆動制御回路も今ではツールがあって学生が自主的に学ぶことによって、製作できるようになります。モータの駆動制御に必要な電子部品は

図6.20　実験室内での電動バイクのテスト

図6.21　完成した電動バイクと宣蘭大学キャンパス

棚に整理してありますので、いつでも欲しいものを作ることができます。

基本的な実験設備はそろえてありますが、自作もします。例えば、図6.18はFさん自作の負荷試験装置です。ここにはAPECの標準駆動制御回路も写っています。

特別なもので重要なのが、巻線のインダクタンスをロータの回転角の関数として計測するために、ステータとロータの相対的な位置を設定して保持する装置です。図6.19の写真がこの全体の装置で、計測されたデータがパソコンに表示されています。これは旋盤のチャックを利用して制作したものです。最新鋭のものではありませんが教育用としては十分に機能します。

図6.20には、実験室でバイクの後輪に負荷をかけて試運転するための自作装置が写っています。図6.21は、完成したバイクとサポート役の学生さんです。

●6.6.4　システム設計

APECでは、さまざまのタイプのモータに柔軟に対応できる標準回路部品を備えています。それを使って組み立ててバイクにとりつけたのが図6.22の写真です。モータとベルトの様子も見えます。ここに使う制御系のブロック線図は図6.23です。

ブロック線図で左の速度指令を与えるのが、右手ハンドルに取り付けたレバーです。図6.24は類似の駆動制御回路を制御するレバーを撮影したものです。

最後は、このようなレバーを人が操作してバイクを運転する場合の制御アルゴリズムが重要研究課題です。それに対応する部分が導通角の制御であり、ブロック線図に破線の長方形で囲んだ部分です。この辺りの制御アルゴリズムのためには、モー

図6.22　実験のために制作した駆動・制御回路

タの特性の考慮が重要でありそれは計測しなくてはいけません。モータの出力とトルクの関係を実測した事例が図6.25のグラフです。

図6.23　駆動回路のブロック線図

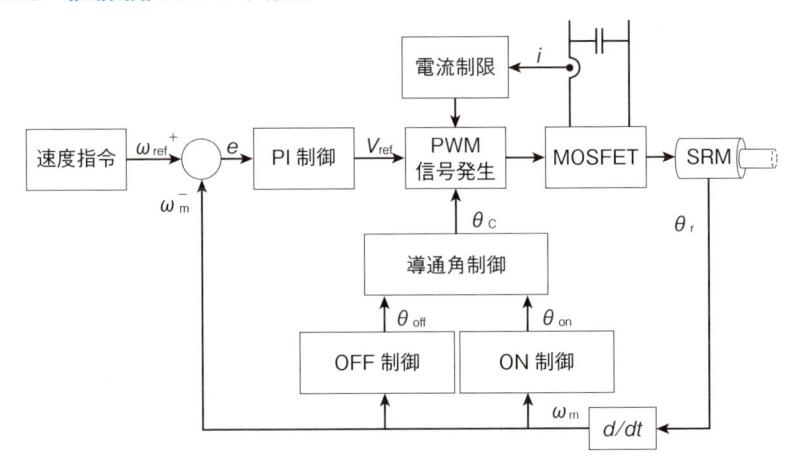

では、この研究の結果として、SRモータを使うバイクの可能性はどんなものなのか？　この議論はそれほど簡単ではありません。第7章には日本で使われる電動アシスト自転車のモータとそのシステムの開発事例を紹介していますが、それは類似の教育体験をもつ若いエンジニア数人が専門企業において2〜3年の期間を要したプロジェクトです。

モータの設計も駆動制御回路の調整も、目的に特化して行います。教育機関では、汎用に使える回路があって、その利用から始めます。APECでは基本的な打ち抜き鉄心材料をもっているので、適切な積厚のロータとステータを自作します（日本の大学の研究室では、これができるかどうか疑問です）。こういう中でお手伝いの学生さんはいるとしても、一人で試行錯誤を繰り返しながら、すべての作業をします。修士課程の研究として大事なのは、分析と解析です。そしてその結果から目標の性能を達成するにはどうすればよいのかとか、与えられた条件での限界を明らかにする思考の訓練が必要です。

SRモータをさらに詳しく学ぼうとする読者には参考資料[2]をすすめます。

図6.24　駆動制御回路を制御するレバー

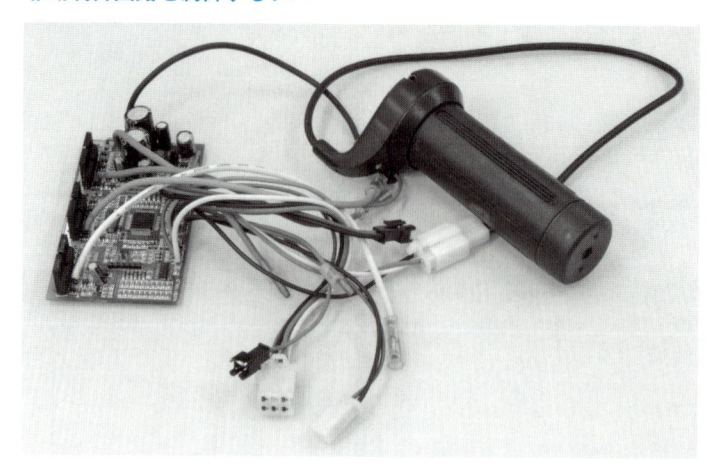

図6.25　試作8-6型の出力対速度特性

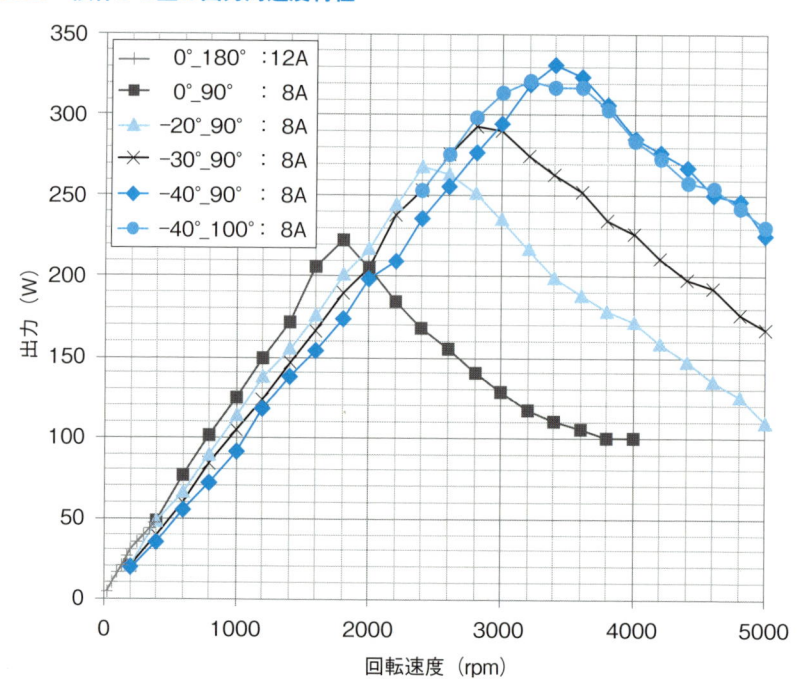

6.7 総括：加工からシステム設計までの教育

　以上、見てきたように宜蘭大学 APEC では、メカトロニクスの機械加工からディジタル技術によるシステム設計までを包含したものづくり教育をしています。日本の大学ではこのような場を見つけにくいかもしれません。

　筆者（見城）は、1965年から2005年までの40年間、職業訓練大学校（後に職業能力開発大学校と改名）に勤務して教えていたのですが、その歴史を実感として振り返ると、設立の初期から学位授与機構との関係が始まるまでが充実した教育ができた時だったように思います。そこでは、『ものづくり』をスローガンとして国内外の職業訓練校の指導員養成が主務でした。ひょっとすると、その効果はアジア諸国のものづくり産業の育成という形で顕著に現れたかもしれません。

　これは蛇足ですが、国内の民間企業において、ものづくり産業の育成で注目されるのは、日本電産ともいえます。社長の永守重信氏と副社長の小部博志氏は筆者の（小型精密モータとの制御をテーマとした）研究室の卒業研究

図6.26　F さん、見城、陳が APEC でディスカス

生でした。

　その当時の情熱を今感じるのが宜蘭大学です。職業訓練大学校と共通する点は、日本式の職業学校としての創立の歴史をもつことです。

　職業訓練大学校では、外国の指導員むけのクラスでは英語を共通語にしていました。1972年以前には台湾からの指導員の先生方もおられて、日本語で熱心に質問されていました。比較的最近では、ベトナムの職業訓練指導員の先生方のレベルが高く、熱心だったと思います。F先生もベトナム出身ですが、真剣にものづくりをして研究の仕方を学ぼうという姿には、感動させられました。

◎第6章の参考資料
[1]Miller, T.J.E. (1993): Switched reluctance motor and their control, Clarendon Press
[2]見城：SRモータ、日刊工業新聞社

第7章

モータ技術の将来

　前章まで交流モータを主題として、SRモータにも言及して様々なモータを解説してきました。この最終章では、本書の総括としてモータ技術を振り返り、今の利用動向を分析して将来への指針を複数の観点から論じてみます。

7.1 利用歴
Lifespan

　第1章の表1.1に示したようにいろいろなモータがあるのですが、電気技術の発展史の中で長く使われてきたモータと、寿命が短かったモータを仕分けてみようと思います。

●7.1.1　籠型誘導モータ（Induction motor）

　交流モータの大半は籠型誘導モータです。本書でもっとも重要視したのがこのモータであり、様々のバリエーションがあることを第2〜4章で見てきました。

　誘導モータは交流50/60Hz電源に接続するだけで回転することが最大の利点であり、同期速度に近い速度で効率が高いので、一定速度で回る用途には最適です。近年はインバータの利用によって低速から高速までの可変速運転にも使われています。今後少なくても20年間、誘導モータの利用は続くと思われます。

　誘導モータは小型から大型までありますが、中型以上は3相電源用です。インバータを使うときには小型でも3相です。

図7.1　構造がよく見える籠型誘導モータ（フランス製）

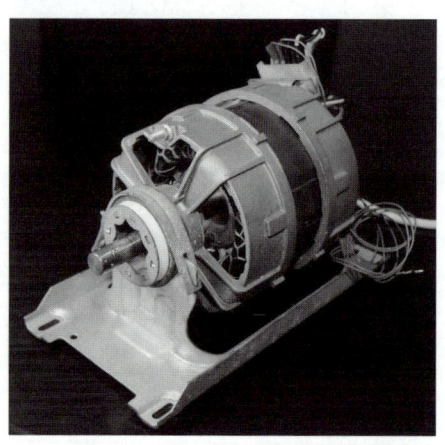

● **7.1.2　直流モータ（DC motor with a commutator）**

　自動車のガソリンエンジンを起動するときには、外部の力によって回す（起動する）必要があります。その動力として使われるのがスタータ用モータのロータ（電機子）です（図7.2）。これはブラシと整流子をもつモータです。

　もっと小型の直流モータの事例が玩具やラジコンの電動自動車を動かすモータです。これに使う（炭素の）ブラシと銅の整流子の組合わせは昔からそして未来にも使われ続けると思います。

　医療用などに使われる直流モータ（図1.13参照）では炭素と銅の代わりに貴金属を使います。

図7.2　スタータ用モータ

● **7.1.3　誘導子を使うモータと発電機（Claw-pole motors and generators）**

　意外に長い利用歴をもつのが、誘導子を使うモータと発電機です。3.4節では誘導子の原理、構造そして、それを使う小型同期モータを見てきました。そこで見たのは、ステッピングモータや交流電源で駆動する超低速同期モータであり、誘導子をステータにもつ方式とロータに持つ方式がありました。

　同期モータは同期発電機にもなります。誘導子は発電機としても使われますので、ここでは2例を紹介します。

（1）速度発電機

　図7.3の写真は、レコードプレーヤのターンテーブルを低速制御するための同期モータ（ブラシレスDCモータ）です。ここで見てほしいのは誘導子

を使った単相式の速度発電機です。クローポールの数が片側で36個あるので1回転あたり36サイクルの正弦波が発生します。これをパルス化して制御回路の速度信号として利用するものです。

図7.3　クローポール式速度発電機

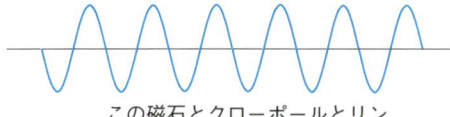

この磁石とクローポールとリングコイルから正弦波が発生する

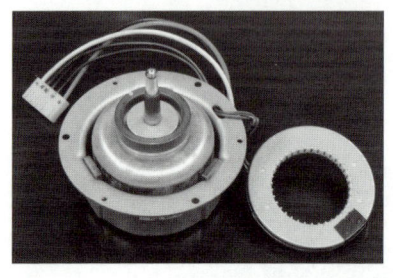

リング状巻線

（左）ターンテーブル用モータの速度発電機を分解し始める。リング状磁石は70極に着磁されている。（右）クローポール部分をさらに分解する

(2) 自動車用電源発電機

図7.4の写真は、電磁石と誘導子を組み合わせたロータを使う交流発電機で、自動車に使われているものです。簡単な構造のコイルには、2個のスリップリングと2個のブラシを介して、バッテリーから直流電流が供給される方式です。この構造のロータの特徴は、簡単な巻線によって多極界磁を形成することです。ステータには少し変則的な重ね巻のコイルが設置されています。

クローポールは巻線の中でもっとも簡単なリング巻との組み合わせで極数の多いモータや発電機を構成することができるので、今後とも重要な利用・研究対象であるのは確かです。

●7.1.4　短かったが意味のあったモータ

(1)　ヒステリシスモータ　Hysteresis motor

テープレコーダやレコードプレーヤ用の同期モータとして、ヒステリシス

図7.4　誘導子を使った高周波発電機

ロータ

ステータ：巻線の他に、ロータに給電するためのブラシと交流を直流にする回路、ヒートシンクが見える

モータがよく使われた時代がありました。1950年代から70年代までだったと考えられます。使われなくなった原因は、このモータは可搬型情報機器には、効率が低くて使えないためと、交流の50/60Hzの同期運転では、定速運転とはいうものの、その精度は決して高くはないことです。ただし、その後まったく使われなくなったわけではありません。特殊な分野で、インバータを使った高速運転遠心分離器に使われ続けている可能性があります。それは、単純な構造、少ない部品点数、材料の強度による信頼性、秒単位の低速性が必要とされる分野です。

(2)　反発始動モータ　Repulsion motor

　コンデンサを使わずに、単相電源で強いトルクで自己起動するモータがこのモータです。コンデンサが入手しにくかった時代の単相誘導モータでした。第2次世界大戦終戦後の日本もそういう状況でした。軍事用に培われた技術を民間技術に転用する研究が、技術者によって熱心に行われました。軍用機に搭載された小型発電機の技術を小型モータに転用する研究が、日本の小型モータ技術の基盤を形成しました。

　食糧増産のための農業機械の電源は単相交流でした。第4章で見たように今ではコンデンサを使って簡単に単相電源で交流モータを回すことができま

す。終戦直後には日本の産業は壊滅していたので、良質のコンデンサの入手が困難でした。速度に上限のある単相交流モータとして反発始動モータが製造されたということです。

◆期待されるメモリーモータ

永久磁石を使う同期モータとして、基本的に2種類あることを見てきました。それはヒステリシスモータと、ブラシレスDCモータです。実は、永久磁石の使い方の観点からは、第3の方式のモータがあって、それをメモリーモータと呼びます。回転中に磁力を変化させることができます。

①ヒステリシスモータでは、あらかじめ着磁をしないで、ステータ巻線の電流によって着磁されるようにする。
②ブラシレスDCモータでは、永久磁石を強く着磁した状態を保つ。
③メモリーモータでは、着磁の位置は固定だが、磁界の強さを運転中に変えることができる。

磁気ヒステリシスは磁化状態の記憶（memory、メモリー）であるという意味で「メモリー」という単語がモータ名に付けられたと想像されます。

図7.5はメモリーモータのロータの断面構造の一例です。強い保磁力の希土類磁石と、それに比べ保磁力の低いアルニコ系磁石を併用しています。

図7.5 メモリーモータのロータ断面の事例

メモリーモータが2001年のあるIEEEのコンファレンスでOstovic（ドイツのある工業大学所属）によって最初に発表されたとき、外国なまりの英語のためもあったのか、誰も注目しなかったそうです。しかしその後各方面で研究され、使われるようになりました。さらなる進化が期待されます。

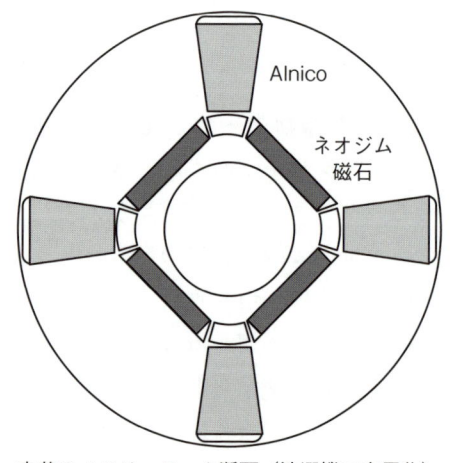

東芝のメモリーモータ断面（洗濯機で実用化）

7.2 機電一体化（メカトロニクス）

電子技術と機構を一体化した技術がメカトロニクスで、中国語では機電一体化として知られています。メカトロニクスは次のようなさまざまの経路で発展してきました。

①レコードプレーヤーやテープレコーダから始まる磁気記録装置を起源とするもの：磁気ディスクの他に光ディスクなどの情報媒体を一つの要素とみる。情報媒体、電子回路を中心とする電子技術、そして機構を結びつけるのがモータである。この三位一体技術がメカトロニクスと考える。

②工作機械の数値制御を起源とするもの

③それが発展してロボット

ここでは①について見てみましょう。

●7.2.1 情報機器のメカトロニクスはどこへ行く

情報機器のメカトロニクスは今、大きな変化に直面しています。図7.6の写真はカセットテープレコーダの機構とUSBメモリースティックを比較した写真です。これを見ると、情報の書き込みと読み出しに機構を使うのは技術史においては短命だったかもしれないと思います。

実際1970年代に、「小型モータが大量に使われる時代は長くはないのではないか」という危惧があって、かなり議論されてきました。ところが、磁気媒体の記録密度が年々高くなり、同時にネオジム磁石を使った小型モータの設計が進んで、予想を超える寿命（利用歴）を記録してきました。

磁気テープには、情報の書き込みと読み出しが容易にできる利点があって、大きな発展をしました。パソコンにはフロッピーディスクがよく使われたことがあるのですが、比較的短い運命で、ハードディスクに換わり大発展しました。

しかし半導体を使う静止メモリーの発展は続いています。今後の傾向としては、双方の共存になるだろうと言われています。

図7.6 メモリースティックとカセットテープレコーダの機構比較

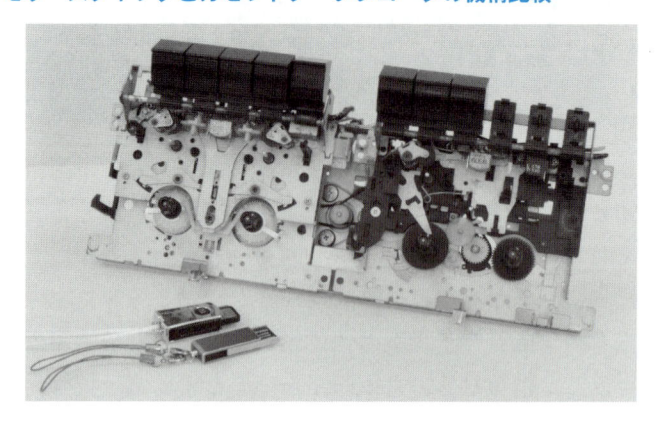

●7.2.2　風と流体の制御

　私たちは空気の中に住んでいます。空気の流れを風といいます。風の統御には数多くのモータが使われています。住空間の風の制御の代表は、エアコンです。エアコンは典型的なメカトロニクス製品です。

　4.6節では、エアコンの効果を補佐する天井扇風機の誘導モータの構造を見ました。人の環境だけでなく、動物と植物のためにも風が重要です。さらに、工業製品が製造されたり使われたりする環境でも風の制御が重要なことを、半導体製造の場合について第5章の5.4.4でも触れています。

　モータの利用分野で大きいのが、水をくみ上げるポンプやコンプレッサです。今後もこの用途は衰えることがないと思われます。

●7.2.3　統合化設計

　永久磁石型同期モータとインバータと位置センサを組み合わせたモータは、今日ではブラシレスモータと呼ばれます。このモータの T/N 特性を見ると直流モータによく似ているので、ブラシの無い直流モータという意味でブラシレス DC モータとも呼ばれます。中国語では無刷直流馬達です。

　図7.7(a)(b)の写真は1970年代のブラシレス DC モータで、初期の統合化の様子を示す好例です。(a)に見えるモータの構造は、ステータは分布巻でロータはヒステリシスモータに似て円筒状の永久磁石を使っています。(b)

図7.7 3段重ねにエレクトロニクスと統合された永久磁石型同期モータ（1970年代のブラシレスDCモータでホールモータと呼ばれた）

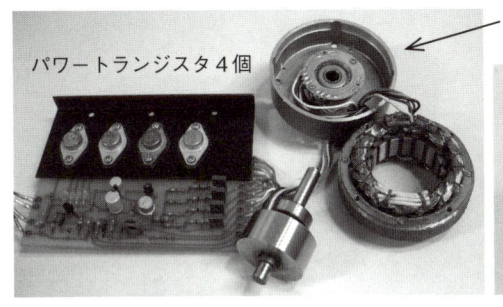

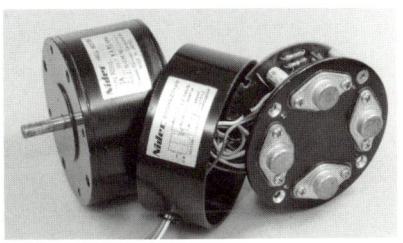

(a) アルニコ系磁石を使った初期のホールモータ　　(b) 統合化の始まり

は制御回路部分、そしてパワートランジスタ部分が、モータの上に積み重ねられた3段構造です。

　この当時はトランジスタの値段が高かったために、パワートランジスタを4個だけ用いる2相インバータが使われました。位置センサとしてはホール素子を使うことが技術の売りでしたので、ホールモータ（Hall motor）と呼んだり記したりしていました。今は第5章で見たように、トランジスタ（あるいはMOSFET）を6個使う3相インバータとその制御回路が一体化（モジュール化）されています。

　図7.8の写真はコンプレッサで、モータとその駆動・回路制御回路が取り付けられています。将来の統合化設計では、これらが一体化されて外観としては、美しい工業製品になっていくだろうと思います。

　統合化の流れの中で起きている技術動向が、センサレス（sensorless）です。位置センサには分解能の高い光学式から簡単なオール素子を使うものなどいろいろあります。詳しいことは割愛しますが、最近では外付けをやめて、モータの内部の磁気回路の観測から位置を推定する方式が使われるようになりました。これがセンサレスです。

●7.2.4　永久磁石の形状の違い

　図3.8(a)に見えるヒステリシスモータの磁石は、厚みが5～7mmほどのリング状です。図7.7(a)のブラシレスモータでは、リングというよりも円筒

図7.8　低圧ポンプ

　状です。この違いには重要な意味が宿されています。

　ヒステリシスモータでは、NSNSの着磁の状態がステータ巻線の電流によって移動できるために、保磁力の弱い合金を使います。その場合、ステータの歯と開口による磁束の凸凹によって起きるトルク減少が起きやすいのですが、それを抑制するためには、磁束が円周方向に流れるようにします。そのために、リング状にしてリングとシャフトの間を非磁性金属で支持する構造が適切です。

　ブラシレスモータでは、着磁の位置がステータの磁界によってずれるのは禁物です。そのためには保持力の大きな磁石を使います。図7.7(a)はコバルトを含有させたアルニコ系磁石を使って、（図3.18に描いたような）極異方性着磁をしています。

　最近は、保磁力がかなり大きな希土類磁石を使うのですが、その場合には図3.9(a)のように、厚みの方向に着磁した薄い磁石を使うことができます。シャフトと磁石の間の支持体は、磁束をとおしやすい金属（例えば珪素鋼板）を使います。

7.3 小形高効率の限界

　形が小さくて効率の高いモータの追求は、大変に意味のある課題です。この課題を象徴するのが、電動模型飛行機に使うモータです。例えば、コラムに記しているように、F5Bと呼ばれる競技に使うモータがあります。筆者は日本電産モータ基礎研究所においてこのモータ開発に挑戦して2010年の世界大会で世界一を証明しましたので、その設計体験から所見を披露しましょう。まずそのモータの写真が図7.9です。

●7.3.1　ブラシレスモータの限界挑戦

　高い出力と効率のモータを目指すと、強力な永久磁石を使うブラシレスモータになります。しかも小形のためには、ネオジム磁石を使うことが絶対条件になります。本書は、詳しくは参考資料[1]、[2]を参考にしていただくこ

Column
F5Bと競技規定

　FAI（国際航空連盟；Federation Aeronautique Internationale）は世界中のスポーツ航空を統括する団体であり、同時に航空・宇宙航行に関する世界記録を公認する機関です。実機も含め、すべての航空スポーツはFAIの定める競技規定によって実施されています。

　FAIでは、航空スポーツをA～Sまでの記号をつけて分類しており、模型航空はFで、模型航空機を、空気より重く、人間を運ぶことができない航空機と定義している。

　模型航空競技の種類はさらに数字と記号で分類され、ラジオコントロール電動模型・モータグライダーのクラスはF5Bとなります。電動グライダーとは、動力を電動モータに限定したプロペラを有する模型飛行機であり、モータを駆動させて高度を得た後にモータを停止させて滑空する種目です。F5B競技は、距離タスク、滞空タスク、定点着陸の3つの技能の合計点を競います。

図7.9　Power/weight ratio 最高のブラシレスモータと駆動制御回路

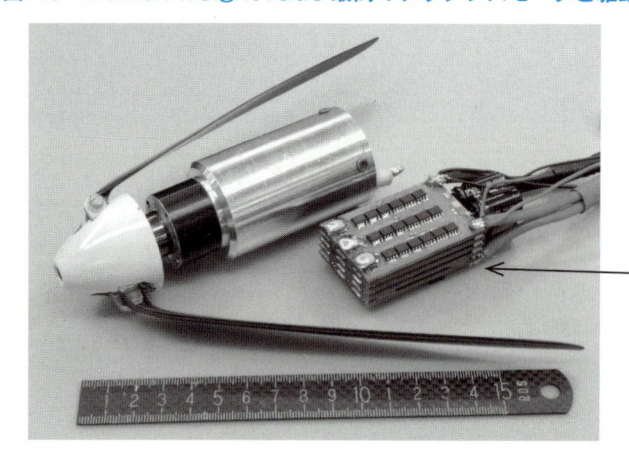

多数の MOSFET を並列接続して大電流を制御

とを前提として、それがどんなものか、その限界は何かを明らかにします。

● なぜブラシレスモータか？

　モータの原理としては、永久磁石の磁束と電機子電流の磁束を直交する状態で回るのがよいのです。そして次のように具体化します。

- 回るのが永久磁石とする方式がブラシレスモータであり、電機子が回るのがブラシを使う直流モータである。しかし、300A もの電流が流れるブラシと整流子は構造として大きくなるので不適当。
- ブラシに代わってインバータを使って電機子（固定子）巻線に交流を与えるのがよい。これがブラシレスモータである。半導体素子としては ON 抵抗の低い MOSFET を並列接続する（図7.9参照）。仮に直流モータを採っても、電流制御のために同じ大きさの駆動回路が必要になる。
- ブラシレスモータではロータの位置センサが必要。部品点数を減らして信頼性を保証するたまには、センサレス方式による転流（スイッチング）技術が必要。しかも変則的な PWM 駆動しながら確実な転流できる回路技術を開発した。
- モータ構造としては、単純なブラシレス方式がよい。エアコンなどの連続運転用のモータで、ある程度の体格のものでは、永久磁石の量を減らすために、リラクタンスモータの原理を併用する。これを IMP（interior

permanent –magnet）型と呼ぶが、直径20mmほどのロータではその効果は現れにくい。

●7.3.2　連続運転と間欠運転　─エネルギーマネージメント

　F5Bなどの飛行機レースに熱中している大人を見ると、子供の延長のように遊んでいるようにも目に映じるのですが、遊びながら大変に重要なことを研究しているとも言えます。それはモータを使うエネルギー変換の技能です。テクニックの一つが、モータを連続運転しないための技です。

　モータの中には、常に回転するものと、普通は停止していて大事な場面では回転するものがあることは、第1章に記しました。F5Bではモータが緊急事態のときに動くというのではなく、動く時には全力で短い時間だけ仕事して、機体にポテンシャルエネルギーと運動エネルギーを蓄えて、このエネルギーと浮力で飛行します。このやり方が効率の高い運転法です。ラジコン競技は、物理の法則をいかに使いこなすかという知恵と技能の戦いです。

●7.3.3　巻線の巻数と体格について

　強力な永久磁石を使うモータの欠点は、高速になると逆起電力が高くなって、電源から電流が入りにくくなることです。それを克服するためには、高い電圧の直流を巻線に印加するか、巻数を少なくしなくてはなりません。

　F5B用モータでは、巻数を0.5とか1にして、20V近いバッテリー電源で70000rpmほどの回転速度を得るようにしています。これよりも巻数を少なくすることは事実上不可能です。

　誘導モータやリラクタンスモータでは、永久磁石を使わないために、このような意味での速度の上限がありません。

　このような限界設計について報告書を書こうとすると、本書1冊分にはなります。例えば、モータの体格に関する議論があります。つまりステータやロータの長さや直径、重量に関する問題です。モータの体格の一般論については参考資料[3]に論じてみたので是非参考にしてほしいのですが、競技用モータでは、基本を逸脱して限界に挑みます。巻線のサイズや巻数はインダクタンスに大きく作用して、これがロータの回転角のセンサレス検出のアルゴリズムに微妙に関連します。

7.4 巻線について

　小形・高効率・高効率モータを象徴するモータの設計プロセスの最後の段階で、巻線の限界に突き当たることをコメントしたのですが、あらゆるタイプのモータのすべての用途について巻線技術の最前線があることを指摘したいと思います。

●7.4.1 巻くという作業について

　モータの巻線には多くの方式があることは、1.5節に述べたとおりです。それは各種モータ性能を引き出すための対策や、構造の視点からの説明でした。もう一つの側面（モータ製造）からの考察も重要です。

　巻線はアンペア導体数を形成するものです。例えば100アンペア回数（ampere turns）というとき、100回巻の巻線に1Aの電流が流れるのか、10Aで10回の巻線に10Aなのか、1巻で100Aなのか、いろいろの可能性があります。0.1Aで1000回巻もあります。先のF5B用モータのような特別の事情の場合は別として、アンペア回数を得るためには、巻数で稼ぐことが多いです。

　そこで、「電線を巻く」とか「巻線を入れる」という作業では、ほとんどが機械的にエナメル線を巻く作業が当たり前のようになっています。

　現在のモータ製造法の中核部分は、珪素鋼板を打抜き積層して、スロットに巻線を形成するのですが、すべて機械作業です。つまり巻線機を使います。半導体製造の核になる部分が化学的であることに比べると、これは大きな違いです。

　鉄心の作り方として粉末鉄心の利用があって、実際にも使われるようになってきました。この場合でも、巻線という作業は基本的には同じだと考えられます。

●7.4.2 銅損の低減と熱の除去

　巻線の技術のもう一つの問題が、電流が巻線を流れることによって熱（こ

れを銅損と呼ぶ）が発生することです。本来なら動力に変換されてほしい電力が、熱になって散逸してしまいます。銅損を減らすためには、できるだけ導電度の高い材料として銅を使うのですが、軽量化とコスト高のためにアルミ線の利用もあります。しかし、アルミの導電度は銅の60％ですから、これは材料コストが厳しい場合の選択です。

空間の有効利用と熱伝導への配慮も重要です。できるだけ断面積の大きな電線を使ってスロットいっぱいに巻線を挿入すると、巻線抵抗が下がるので銅損が減ります。無駄な空間をなくして電線に発生した熱を鉄心に逃げやすくすることによって、温度の上昇とそれに伴う抵抗の増加を防ぐことができます。

スロットの有効部面積に対する導体面積の比率を占積率というのですが、手巻きでは精々30％ぐらいです。それを60％（図7.10(a)参照）に高めるのは容易ではありません。占積率向上のための対策としてたとえば次があります。

・平角線の利用。
　占積率の改善のためには断面が○ではなく、□の電線を整列巻きにします。
・分割鉄心を使う。
　図7.10(b)は、分割鉄心方法と呼ばれる作業で形成された鉄心です。これは占積率を高くする方法の一つで、広く使われるようになりました。

図7.10　占積率をあげた巻線

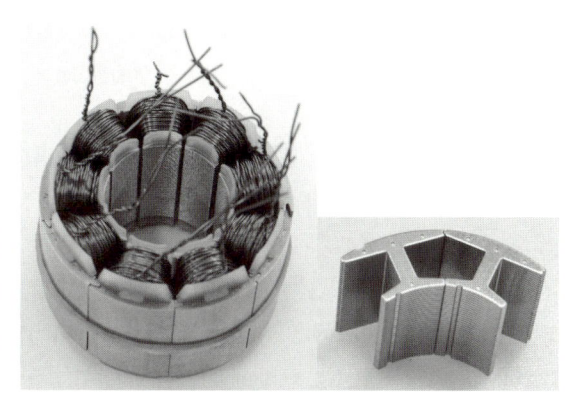

(a) 60％ぐらいの占積率　　　　(b) 分割鉄心によって占積率を改善

●7.4.3　表皮効果の回避策

　太い電線に交流が流れると、表皮効果によって電流が表面に集まってきます。そのために見掛けの導電率が下がるので、それを回避するためには細い線を並列にしてよじります。これは昔から知られているテクニック（技術、対策）で、専門書には図7.11のような図が見られます。本書に掲載した写真では、
　　・図1.25(b)のF5B用モータの巻線
　　・図3.9(a)の電気自動車用SPMモータ
にこの巻線が見えます。

　このテクニックを電気自動車用の誘導モータのロータに組み込むのは、一つの挑戦技術だろうと考えられます。

図7.11　表皮効果解消巻線の事例

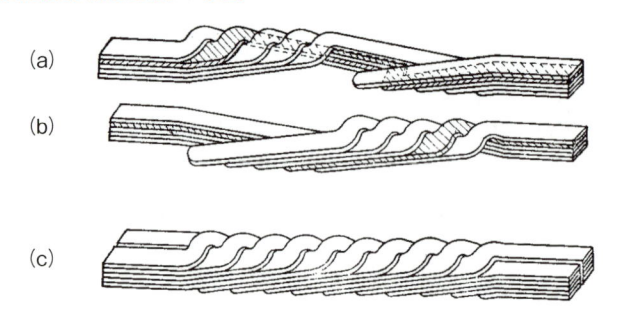

(a)

(b)

(c)

(a)と(b)を組み合わせて(c)ができる

「田付修：電気学会大学講座　同期機、電気学会、1970」

●7.4.4　化学的・物理的な方法への期待

　巻線機を使うのに対して、エッチングなどによる化学的な方法の検討もされたのですが、処理速度が遅いこともあったのか発達していないようです。

　これとは別に、製作中の巻線に電流を流して巻線の形を整える、いわば物理的な方法もあります。リングコイルを制作する場合には、電磁力によってコイル状に形成するこれ原理的には可能ですが、これが巻線作業に実際に利用されているか否か筆者は確認していません。

7.5 国際的な技術者を目指そう

いま技術者に求められるのは国際的な資質です。私どもの経験から書いてみます。

●7.5.1 世界への発信は強力な想念を持つことから

東北大学の電子工学科は小池勇二郎教授のリーダシップで1959年に設立されました。小池教授は松下幸之助に乞われて筆者（見城）ら第1期生の卒業と同時に、松下電器に転出されました。大学院に進学して修士課程が終わろうとするころ、久しぶりに仙台に来られた小池先生に面会して、自分の進路について意見を求めました。わくわくする産業の雰囲気を感じない仙台から身を移したかったのです。でも、松下電器のように大きくなった会社に入ろうという意思も皆無でした。

小池先生は、「君には変わり者という雰囲気を感じていた。そこでアドバイスだが、自分のやりたいことを強く思うと、それは電波のように世界中に発信される。すると必要な人物とのつながりができる」と仰ったのです。小池先生は若いころNHKで送信用の大出力真空管の開発をされた人で電波伝播の権威者でした。その時は具体的にはどんなことが起きるか謎でした。しかし、この想念の実現は不思議な連鎖反応を伴って起きました。ただそれはまだ国内でした。

ここでは地球規模のことを記したいと思います。筆者は1964年にTEACでモータ設計の経験を積んだあと、職業訓練大学校（訓大）の専任講師になったのが翌年の10月です。この大学には国際協力部という組織がありました。それは日本政府により、発展途上国の実業学校や職業訓練学校の先生方に技術教育や職業訓練を研修していただくことで、諸国の産業育成に貢献しようというものです。

●日本の対外技術教育の特質

一年弱のコースが国際協力部の主体で、研修者の半数は英連邦諸国からの

先生方でした。共通語を英語として、必要に応じて通訳を介して授業や実習を行うものでした。

ここで学んだのは英国の世界戦略の一端と、それに対比する日本の対外技術協力考えです。英国の技術教育では、エンジニアの教育とテクニシャンの教育を分けています。そして職業訓練のレベルでは頭を使うよりも規則や手順に従って仕事をする手順に主体がおかれます。これは職業階層と秩序を重要視するには合理的なやり方です。英本国と植民地では教育のレベルや内容が違っていたのではないかと思います。

1970年代初期までのことですが、研修者の中で日本語でレベルの高い質問をしてくださったのが台湾から来られた先生方でした。そのころ、たまたまドイツの工業都市ハンブルグのある技術専門学校を訪問する機会があったのですが、びっくりしたことに、電機（モータと発電機）の実習担当の先生が台湾出身でした。お聞きすると、その先生が日本時代の台南の高等工業学校に在学していた当時の学校の設備は、日本本土の高等工業学校の設備よりも優れていたということでした。これは重要なことです。ちなみに、この学校は現在國立成功大學で、その工学部は台湾 No. 1 と認識されています。著者の陳も、ここの博士課程で勉強しました。

● まず英語環境をつくる

見城は職業訓練大学校の国際協力部の研修環境を最大限に活用したいと思いました。自分が関与した技術と、その教育法を専門書として世界一流の出版社から出すことです。これは恩師小池先生のアドバイス効果がどのように起きるのかの実験でもありました。インターネットや e-mail はもちろん FAX もなかった時代のことです。

重要なのは、論文を英語で書くのとは違って、実用的な専門書や教科書を書くためには、英語で講義をする環境です。それを感じたのは、英連邦出身の先生方や英国やオーストラリアあるいはアメリカに留学経験のある先生方とのディスカッションをとおして「international English」をある程度身につけたときです。

「International English」とは何か？ 微妙な発音の違いをもつイギリス英語とかアメリカ英語というような英語を母語として使うのとは違って、外国

語として使って互いに通じ合う英語です。それはストーリーを語るような話し方が基本です。

その学習で有用だったのが、「宝島（Treasure Island）」とか「ロビンソンクルーソー」など、わくわくする物語のダイジェスト版を英国人の声優が語っているオックスフォード大学出版局（OUP）製のテープでした。まず身の周りに英語環境をつくることを勧めます。現在は英語テープやオーディオブック以外にインターネットや e-mail も利用できます。

●日々の努力よりも閃きと機を見て果敢な行動を！

資料を蓄え続けたら本ができるのでしょうか？　しかも世界一の出版社からできるのでしょうか？　強い想いの実現は違う形で起きました。

1976年にロンドンで小型モータの学界が開かれた経緯は4章（119p）に書いたとおりですが、これは大きなチャンスでした。

そこでは、ステッピングモータについて激しい議論がされていました。このタイプのモータが広く使われるようになる前のことです。そのときステッピングモータについてまず自分が勉強して、専門書を書こうと決意しました。この会議では新しい人脈もできました。その一人が、上海出身で英国ヘリオトワット大学の教授の楊先生でした。

早速行動をおこし、その年の夏休みには、このモータに関する英語論文100編を読みました。このとき重要なのは精読するものと多読対象を分けることです。

1978年に『ステッピングモータのマイコン制御』を出すと間もなく、楊先生から手紙が届きました。オックスフォード大学出版局がステッピングモータの専門書を書ける人を探しているという内容です。オックスフォード大学出版局は大学出版局の規模としては世界一で、かつ英国を代表する出版社です。チャンス到来です。早速英国に飛んで、オックスフォードではオックスフォード大学出版局の責任者と会い、サウスハンプトン大学ではオックスフォード大学出版局に影響力をもつあるハモンド教授に会いました。さらに重要なサポートを得るためにリーズ大学のローレンソン教授を訪ねました。彼こそ1976年の会議で激しい議論を切り出した教授です。

結局、英国の基礎研究、アメリカで発達したデジタル制御、日本のモノづ

くり、そして自分の研究室で開発した制御法を一冊にまとめた *Stepping motors and their microprocessors* が出版されるのに、5年以上もかかりました。それは、担当した若い意欲的なエディターが筆者の英語を推敲しながら引用文献に一つ一つあたっていくのに年月を要したからです。しかし信頼性のある編集になり、インドの大学などでは今でも使われています。

ちなみに、筆者が職業訓練大学校の研究室で蓄積したモータの駆動技術を書いた *Power electronics for the microprocessor age* をオックスフォード大学出版局から出したのは最初の実績を作った後の1990年です。

● 自己主張の英語訓練を

ヨーロッパ人の優れた特質は、自己主張にあります。自分の考えを伝える訓練がされていることです。しかし、筆者はしゃべるよりも書く訓練が重要だと思います。自己主張とは、自分の頭に浮かんだことや自分考えを英語の論理を表現することです。

筆者が、我流英語を直さないといけないと気付いたのは、39歳になってから、*stepping motors* を書いたあとです。そこで、アメリカ人の作文専門家にお願いして、自分史作文の個人的な指導を受けました。またオックスフォード大学出版局のエディターとのレター交信によって書く英語を改善できたと思うのですが、しだいに限界を感じるようになりました。すると彼からも、英語をこれ以上うまく書こうとすることより、大事なのは本の内容であり、それがあれば、英語のブラッシュアップを手助けする人材は大勢いるという明確なアドバイスを受けました。内容とは広い意味で自己主張だと思います。

● 7.5.2　世界最高の大学研究室への影響

大学のモータの研究室として世界一の設備をもつのが、英国のシェフィルド大学です。そこの教授2人は中国出身です。諸自強教授は浙江大学出身で、今では Professor Zhu として世界的に著名です。

筆者（見城）が諸先生と会って話をしたのは2006年に長崎でICEMS2006が開かれたときです。そこで知ったのですが、諸先生が学生のときに Kenjo and Nagamori：*Permanent magnet and brushless DC motors* の中国語版を読んで勉強したということでした。これは意外でした。その出版経緯は以下

のようなものです。

　アメリカに Electro Craft という小型モータのメーカがあって、そこの技術者が書いた直流モータの使い方の本を、アメリカの関係者は誰でも読んでいました。自分もそれを読んだところ、不思議なことに、それを超える内容が頭の中に自然に湧き出してきたように思います。たとえば技術用語を的確に定義しながら論述しなおすことと、松下電器などの新興メーカのブラシレスモータの記述を織り込むことでした。その結実が『メカトロニクスのためのDCサーボモータ』（総合電子出版社）です。

　職業訓練大学校には天才的な能力をもつ学生が入ってくることがあり、その一人が加藤肇君で、彼に鉛筆を使った製図の技能を教えたところ、モータなどのイラストの天才を発揮するようになりました。彼は日本電産（NIDEC）に就職して、研究生として筆者の研究室で種々のモータのイラスト作成をしました。鉛筆と複写機で版下を製作する技法は今でも普通には無理です。

　日本では東京でも英語の技術書の編集制作に明るい出版社はありません。そこで自ら DTP 方式で英語の技術書を作成しました。自分で英訳したものを若いアメリカ人を雇って推敲させ、フロッピーディスクにファイルを作成して、デイジーホイール式のプリンタで版下を製作したのです。3種類のフォントのホイールを用意して差し替えながらプリントさせる方式です。

　これが日本で出版されると、あるアメリカ人が注目しました。そして1985年にオックスフォード大学出版局が版権を取得して、英国から世界に向けて出版できました。すると先（1984年）の *Stepping motors* とともにモスクワの出版社からロシア語版がでたのです。しかし諸教授が読んだという中国語版は正式なものではないと思います。

　第4章の Column にも書いたように、著者の簡は CPC（中國生産力中心）勤務時代に、台湾の小型モータ企業の後継者を募って、英国シュフィルド大学での研修を企画実行しました。これには陳も参加しました。

● **7.5.3　中国語の重要性**

　日本の小型モータ産業が大きく進展したとき、日本能率協会の年次行事として小型モータシンポジウムが大きな役割をしたと思います。国際セッションでは、企画委員長としてハルビン工業大学の王宗培教授を招待したときの

ことが印象として残っています。

　王先生は、中ソ関係が悪化してソ連の技術者が去った後の大変な時代に中国の電機技術教育を担った先生です。1987年はまだ中国からの国外に情報を出す手続きが煩雑な時代でした。手書きの講演原稿が届いたのは10日前です。簡体字の草書でしたから、研究室の中国やシンガポールの留学生もこれが読めませんでした。それに「微電机」という文字を見てもそれが「micro motor」のことであることを知らないのはともかく、漢字からも意味を想像できないのです。専門知識と技術用語を知らないかぎり、外国語の専門書の解読は難しいことを体験しました。

　何とか解読して、それらしい日本語訳のワープロ作業を終えたのは開催3日前でした。この原稿の中でよく覚えているのが、上海に作ろうとしている小型モータの研究所の計画でした。この研究所は現在の第21研究所とつながりがあるだろうと思います。第21研究所での大きな成果は電動スクータです。必要なものが必要なところで生まれた典型だと思います。

　シェフィールド大学の諸教授は国籍を英国に変更しておられるのですが、中国のモータ産業の育成にも熱心と聞いております。このような状況の中で、日本・台湾・中国そして英国を含めた国際的な協力関係を築くために、智恵を出しあうことが大事だと思います。

●**最後に**

　モータの発明史について、第2章で少しふれたのですが、ほとんどの基本的な発明は英国、ドイツ、米国といった西欧諸国でなされました。

　一方、現在の世界No.1のモータ王国は日本です。それは書籍の数、設計ソフトウェアを仕様する事業所数の多さで裏付けられます。日本の技術とは何なのか、それはモータとその駆動制御システムの設計から製造までの技術の奥深さだと思います。東アジアの技術者はこれに注目しています。

　また一方で、世界の経済活動での顕著な動向はBRICs（ブラジル、ロシア、インド、中国）の成長です。第1章にも記したように、世界中で使われているモータの数は1兆ぐらいだろうと思われますが、さらに増えます。

　これらのモータと制御システムを更新し続けるのは極めて重要な産業ですが、エネルギー利用の効率化の国際的な規制があって、モータの設計には新

しい挑戦課題が待っています。その動向から考えると、永久磁石を使わない小型交流モータの商品寿命は長くはないと思います。一方で、省資源と高効率を両立できるモータとして期待されるのが、SRモータです。第6章で例示したのは小型のSRモータですが、このモータの本質的な利点は大型化によって出力を向上した設計です。

永久磁石の利用法と小形モータとしてのモータ構造の視点からは、クローポール型のもつ潜在的な意味は大きいのですが、新素材や製造技術などによる効率改善の知恵が求められます。

本書は、将来を担う若いモータ技術者のために、このような背景のもとに題材を選定しました。巻末には小型モータ関連の用語集を英語、日本語、中国語（台湾と中国）の対応表の形で制作しました。

◎第7章の参考資料
[1]見城：使いこなすDCモータ、日刊工業新聞社
[2]見城・佐渡友・木村：モータのすべて、技術評論社
[3]（モータの体格について）見城：SRモータ、第4章、日刊工業新聞社

■4カ国語対応必修用語集
●第1章

英語	日本語	台灣	中國
brake	ブレーキ制動機	煞車	刹车
brushless DC motor	ブラシレスDCモータ	無刷直流電動機	无刷直流电动机
coercive force	保磁力	矯頑磁力	矫顽磁力
commutator	整流子	換向器	换向器
concentric winding	同心巻	集中繞	集中绕
capacitor-run motor	コンデンサモータ	電容電動機	电容电动机
direct-current	直流	直流	直流
double-cage type	二重籠型	雙籠型	双笼型
eddy-current motor	渦電流モータ	渦流電動機	涡流电动机
generator	発電機	發電機	发电动
hysteresis synchronous motor	ヒステリシス同期モータ	磁滯同步電動機	磁滞同步电动机
induction motor	誘導モータ、誘導（電動）機	感應電動機	异步电动
inductor motor	誘導子モータ	感應子電動機	感应子电动机
magnetic flux	磁束	磁通	磁通
motor	モータ、電動機	馬達、電動機	电动机
permanent magnet	永久磁石	永久磁鐵	永久磁鋼
repulsion motor	反発始動モータ	推斥電動機	推斥电动机
revolving-field type	回転磁界型	旋轉磁場式	转磁式
switched reluctance motor	SRモータ	切換式磁阻電動機	开关磁阻电动机

●第2章

英語	日本語	台灣	中國
back yoke	バックヨーク	軛部	轭部
circulation current	循環電流	循環電流	循环电流
conductivity	導電率	導電率	导电率
continuous running	連続運転	連續運轉	连续运转
deep slot type	深溝型	深槽型	深槽型
delta connection, Δ connection	Δ結線、デルタ結線	Δ（三角形）接線	Δ（三角形）接线
electric circuit	電気回路	電路	电路
equivalent circuit	等価回路	等效電路	等效电路、等价电路
full pitch	全節	全節距	全节距
fundamental wave	基本波	基本波	基本波
gap radius	ギャップ半径	氣隙半徑	气隙半径
inverter	インバータ	變頻器	逆变器
lap winding	重ね巻、重巻	疊繞	叠绕
leakage flux	漏れ磁束、漏洩磁束	漏磁通	漏磁通
leakage inductance	漏れインダクタンス	漏電感	漏电感
long pitch	長節巻	長節距	长节距
magnetic induction	電磁誘導	磁感應	磁感应
magnetizing reactance	励磁リアクタンス	磁化電抗	磁化电抗

英語	日本語	台灣	中国
magnetomotive force (mmf)	起磁力	磁動勢	磁动势
permeability	透磁率	導磁率	磁导率
phase belt number q	毎極毎相のスロット数 q	相帶數 q	相带数 q
pitch	ピッチ	節距	节距
pulsation power	脈動電力	脈動電力	脉动电力
pulsation, ripple	脈動	脈動	脉动
secondary current	二次電流	2次電流	2次电流
secondary input	二次入力	2次輸入	2次输入
selection of number of slots	溝数の選択	槽數選定	槽數選定
series turns	直列巻数	串聯匝數	串联匝数
short pitch	短節	短節距	短节距
short ring, end ring	エンドリング、短絡環	短路環	短路环
skew	斜溝、スキュー	斜槽	斜槽
skin effect	表皮効果	集膚效應	集肤效应
stall torque	停動トルク	最大（停頓）轉矩	停顿转矩
stator lamination stack	ステータ積層厚	定子鐵芯積厚	定子鉄心积厚
structure of rotor	ロータ構造	轉子構造	转子构造
synchronous speed	同期速度	同步速度	同步转速
third harmonics	第3次高調波	第3次諧波	第3次谐波
T/N characteristic curve	T/N 特性曲線	T/N 特性曲線	T/N 特性曲线
T-shape equivalent circuit	T型等価回路	T型等效電路	T型等效电路
variable frequency, variable voltatge	可変周波数可変電圧	可變頻可變電壓	可变频可变电压
winding factor	巻線係数	繞線因數	绕线因数
wire conductor	導体、導線	導線	导线
Y connection	Y結線	Y接線	Y接线

●第3章

英語	日本語	台灣	中国
Alnico magnet	アルニコ磁石	鋁鎳鈷磁鐵	铝镍钴磁钢
attitude control	姿勢制御	姿態控制	姿态控制
brush	ブラシ、刷子	電刷	电刷
centrifugal force	遠心力	離心力	离心力
claw pole	クローポール	爪極	爪极
claw-pole generator	クローポール型発電機	爪極發電機	爪极发电机
claw-pole motor	クローポール型モータ	爪極電動機	爪极电动机
constant speed drive	定速駆動	定速驅動	定速驱动
direct-axis inductance	直軸インダクタンス	直軸電感	直轴电感
drug-cup motor	ドラッグカップ型モータ	藥杯型電動機	药杯型电动机
eddy-current motor	渦（うず）電流モータ	渦流電動機	涡流电动机
electric charge	電荷	電荷	电荷
electromagnet	電磁石	電磁鐵	电磁铁
Elihu Thomson	エリフ・トムソン	伊萊修・湯姆森	伊莱修・汤姆森
flux barrier	フラックスバリア	磁通障壁	磁通阻隔

207

英語	日本語	台灣	中國
free-space permeability	真空の透磁率	真空導磁率	真空磁导率
hybrid stepping motor	ハイブリッド型ステッピングモータ	混合式步進電動機	混合式步进电动机
inductor	インダクタ（誘導子）	電感器	电感器
inductor motor	誘導子モータ	感應子電動機	感应子电动机
low speed synchronous motor	低速同期モータ	低速同步電動機	低速同步电动机
magnet	磁石	磁鐵	磁钢
magnetic circuit	磁気回路	磁路	磁路
magnetic hysteresis	磁気ヒステリシス	磁滯現象	磁滞现象
magnetic line	磁力線	磁力線	磁力线
magnetizing reactance	励磁リアクタンス	磁化電抗	磁化电抗
Mechatronics Lab	メカトロラボ	機電整合實驗室	机电整合实验室
outer rotor	アウターロータ	外轉式轉子	外转式转子
quadrature-axis inductance	横軸インダクタンス	交軸電感	横轴电感
rare earth	希土類	稀土	希土
reluctance	磁気抵抗	磁阻	磁阻
repulsion motor	反発始動モータ	推斥電動機	推斥电动机
salient (pole) torque	凸極性トルク	凸極轉矩	凸极转矩
semi-hard steel	半硬磁鋼	半硬鋼	半硬钢
sensor	センサ	感測器	传感器
slip ring	スリップリング	滑環	滑环
solid core induction motor	塊状鉄心型誘導モータ	實芯轉子感應電動機	实心转子异步电动机
steps per revolution	ステップ数	步進數	步进数
surface-conductor induction motor	表面導体式誘導機	表面導體式感應電動機	表面导体式异步电动机
surface mount permanent magnet rotor	SPM型ロータ	表面磁鐵型轉子	表面磁鐵钢型转子
unipolar	ユニポーラ（単極）	單極	单极
unipolar permanent magnet	ユニポーラ永久磁石	單極永久磁鐵	单极永久磁钢
wound-rotor induction motor	巻線型誘導機	繞線型感應電動機	绕线式转子异步电动机
wound-field type	巻線界磁式	線繞磁場	线绕磁场

● 第4章

英語	日本語	台灣	中國
two phase winding type	2相巻線方式	2相繞線式	2相绕线式
analog (ue) control	アナログ制御	類比控制	模拟控制
auxiliary winding	補助巻線	輔助繞組	辅绕组
capacitor starting type	コンデンサ始動方式	電容起動式	电容起动式
capacitor, condenser	コンデンサ	電容器	电容器
ceiling fan	天井扇風機	吊扇	吊扇
dielectric film	誘電体フィルム	介電薄膜	介电薄膜
digital	デジタル	數位	数字
digital control	デジタル制御	數位控制	数字控制
electrolytic capacitor	電解コンデンサ	電解電容器	电解电容器
electrostatic capacitance	静電容量	靜電容量	静电容量

英語	日本語	台灣	中国
electrostatic energy	静電エネルギー	靜電能量	静电能量
main winding	主巻線	主繞組	主绕组
mechanical braking	機械ブレーキ制動	機械煞車	机械刹车
metalized paper capacitor	MPコンデンサ	金屬化紙電容器	金属化纸电容器
polarization	分極	極化	极化
potential energy	ポテンシャルエネルギー	位能	势能
regeneration	回生	回生	回生
regenerative braking	発電制動作用	再生煞車	再生制动效应
resistor starting	抵抗始動	電阻起動式	电阻起动式
reversible	双方向	雙向	双向
reversible motor	リバーシブルモータ	雙向運轉電動機	双向运转电动机
semi variable capacitor	半固定コンデンサ	半可變電容器	半可变电容器
short circuit brake	短絡制動	短路煞車	短路刹车
single phase running	単相運転	單相運轉	单相运转
starting element	起動素子	起動元件	起动元件
variable capacitor	可変コンデンサ	可變電容器	可变电容器
Y connection	Y結線	Y接線	Y接线

● 第5章

英語	日本語	台灣	中国
amplitude	振幅	振幅	振幅
analog, analogue	アナログ	類比	模拟
audio amplifier	オーディオアンプ（増幅器）	音頻放大器	音频放大器
base	ベース	基極	基极
collector	コレクタ	集極	集电极
converter	コンバータ、変換器	轉換器	换流器
cycloconverter	サイクロコンバータ	周波變換器	周波变换器
digital	デジタル	數位	数字
drug-cup motor	ドラッグカップ型モータ	藥杯型電動機	药杯型电动机
drain	ドレイン	汲極	漏极
emitter	エミッタ	射極	发射极
gate	ゲート	閘極	栅极
intelligent power module	IPM	智能功率模組	智能功率模块
inverter	インバータ	變頻器	逆变器
magnetic noise	電磁ノイズ	電磁噪音（干擾）	电磁噪声
noiseless inverter	ノイズレスインバータ	靜音變頻器	静音逆变器
oscilloscope	オシロスコープ	示波器	示波器
parasitic capacitance, stray capacitance	浮遊静電容量	寄生靜電容量	寄生静电容量
parasitic impedance	寄生インピーダンス	寄生阻抗	寄生阻抗
power electronics	パワーエレクトロニクス	電力電子	功率电子
pulse width modulation	パルス幅変調	脈寬調變	波宽调变、脉宽调制
regeneration	回生	回生	回生
reverse bias	逆バイアス	逆偏壓	逆偏压

英語	日本語	台灣	中国
shaft current	軸電流	軸電流	軸电流
sine-wave modulation	正弦波変調	正弦波調變	正弦波调制
source	ソース	電源、源極	源极
speed ripple	回転ムラ	速度漣波	速度漣波
switching	スイッチング	開關、切換	开关
torque-speed characteristics, T/N characteristics	T/N 特性	T/N 特性	T/N 特性
triangle wave	三角波	三角波	三角波

● 第6章

英語	日本語	台灣	中国
aligned	整列	對整	对准
back-emf	逆電圧	反電動勢	反电势
doubly salient (pole)	双凸極	雙凸極	双凸极
free-wheeling diode	環流ダイオード	飛輪二極體	续流二极管
half bridge circuit	ハーフブリッジ回路	半橋式電路	半桥式电路
moment of inertia	慣性モーメント	慣性力矩	慣性力矩
ovalization	オーバリゼイション	橢圓化	椭圆化
revolutions per minute	分速	每分鐘轉速	每分钟转速
revolving-field motor	回転磁界型モータ	轉磁型電動機	转磁型电动机
salient pole	突極、凸極	凸極	凸极
step angle	ステップ角	步進角	步进角
steps per revolution	ステップ数	步進數	步进数
switched reluctance motor	SR モータ	切換式磁阻電動機	开关磁阻电动机

● 第7章

英語	日本語	台灣	中国
anisotropic magnet	極異方性磁石	極異方性磁鐵	极异方性磁钢
compact disk	光ディスク	光碟	光盘
floppy disk	フロッピーディスク	軟式磁碟片	软盘
hard disk	ハードディスク	硬碟	硬盘
life span	利用暦寿命	生命周期	生命周期
magnetic disk	磁気ディスク	磁碟	磁盘
magnetic recording device	磁気記録装置	磁性記錄裝置	磁氣记录装置
Maxwell	マックスウェル	麥克斯威爾	麦克斯威尔
memory motor	メモリーモータ	記憶電動機	记忆电动机
neodymium-iron-boron magnet	ネオジム磁石	釹鐵硼磁鐵	钕铁硼磁钢
nuclear power generation	原子力発電	核能發電	核能发电
number of turns	巻き数、巻数	匝數	匝数
robot	ロボット	機器人、機器手臂	机器人
sensorless	センサレス	無感測器	无传感器
tachogenerator	速度発電機、タコジェネ	轉速發電機	转速发电机

編後記（あとがき）

（中国語）

　　作者3人於2012年11月3日在國立宜蘭大學APEC（Advanced Power and Energy Center），凝聚對本書共同理念商議達成。

　　APEC是陳正虎為教育各種小型電動機原理與驅動控制所建立的研究室，教材豐富且充實，此處有如繼承見城在職業能力大學，經40年逐步建立的研究室所洋溢之研究氣氛。約半世紀前之職業能力大學與現在宜蘭大學之共通點是，同為年輕有活力的大學。宜蘭大學原是台北州立宜蘭農林學校，於1926年創立，歷經曲折先在1998改制為技術學院，再於2003年改制為國立宜蘭大學。

　　創立初期之年輕的大學，常培育熱情洋溢有為的人才。有如八木英次創立大阪大學理學部時，禮聘京都大學湯川秀樹，湯川在此建立微粒子研究而獲諾貝爾獎。同樣的，日本電產的創業社長永守重信，則是職業能力大學見城研究室最初畢業生。

　　簡明扶曾任台灣大同公司電機工程師，他曾經在日本大公司研習並活用此經驗，在中國生產力中心CPC（台灣China Productivity Center），從事對台灣中小型電動機業，工程師及經營者的培訓教育及顧問工作。這期間，有多次帶團國外考察之經驗。作者3人的結合，是活躍於CPC馬達業推進與人才開發整合之胡國益先生熱心的幫忙，在此特表謝意。

　　為使文明社會能持續運作，社會基礎建設如運輸、自來水供應、電力系統、風力、資訊等管理，非須大量使用各式各樣之電動機不可。而且地球規模之環保與資源之有效活用是眼前非常大的課題。在此情況下吾等3人共同願望是依此理念灌注於電動機及其驅動技術而傳承至下一代，此結果促使本書之作成。

著者　見城　尚志
簡　明扶
陳　正虎

編後記（あとがき）

（日本語）

　台湾の国立宜蘭(いいらん)大学のAPEC（Advanced Power and Energy Center）において、著者三人が本書の意義を語り合ったのは2012年11月3日だった。

　APECは陳(ちん)が運営する各種小型モータの駆動制御の研究室であり、教材が豊富である。ここには、見城(けんじょう)が職業訓練大学校で40年間に構築してきた研究室をあたかも継承するかのような雰囲気が充満している。ほぼ半世紀前の職業訓練大学校と現在の宜蘭大学の共通点は、大学の若さである。宜蘭大学は台北州立宜蘭農林学校として1926年に発足し、紆余曲折を経て1998年技術学院となり、2003年に国立宜蘭大学と改称された。

　大学が若いとき、情熱が漲(みなぎ)り有為(ゆうい)の人材が育つ。たとえば八木英次が大阪大学に理学部を創設して湯川秀樹(ゆかわひでき)を京都大学からスカウトしたのだが、湯川はそこで最初に取り組んだ素粒子の研究でノーベル賞を受賞した。職業訓練大学校では、日本電産の創業社長永守重信(ながもりしげのぶ)氏は見城の研究室の最初の卒業生である。

　簡(かん)は台湾の大同電機のエンジニアとして日本の大手モータメーカで研修を受けた経験を活かして、CPC（China Productivity Center）において台湾の小型モータメーカの技術者と経営者の育成をしてきた。その間、諸外国の状況を視察する機会があった。著者3人を結びつけたのは、CPCにおいて人材育成の面で実績を重ねられた胡國益(ふうくうい)氏である。

　文明社会を運営し続けるためには、輸送、水道、電力系統、風、情報等の管理には様々な種類のモータを大量に使わなくてはならない。しかも地球規模での環境保全と資源の有効活用が大きな課題である。このような状況の中で、私ども三人は、モータとその駆動制御技術を次世代に伝えたいと願い、本書を著した。

著者　見城　尚志
　　　簡　明扶
　　　陳　正虎

用語索引

英数字

1相励磁 ………………………… 165
24スロット鉄心 ………………… 62
2極 ……………………………… 63
2相交流 ………………………… 30
2相励磁 ………………………… 165
36スロット鉄心 ………………… 63
3相のメリット ………………… 42
4極 …………………………… 62, 63
6極 ……………………………… 63
6ステップPWM ………………… 138
6ステップ動作 ………………… 129
8極 …………………………… 62, 63
alingned ……………………… 157
asynchronous motor …………… 32
auxiliary winding …………… 103
caapacitor ……………………… 98
capacitor-run motor ………… 102
China Productivity Center …… 124
Colin McDermott ………… 115, 118
condenser ……………………… 98
CPC …………………………… 124
DC ……………………………… 3
diode ………………………… 134
Dobrovolsky …………………… 31
drug-cup motor ……………… 73
Elihu Thomson ………………… 72
end ring ……………………… 51
F5B …………………………… 193
Ferranti Limited ……………… 115
free-wheeling 回路 ………… 171
GalileoFerraris ……………… 31
heteropolar ………………… 91, 92
hybrid type …………………… 92
hysteresis synchronous motor … 77
hysterisis motor …………… 187
H型ブリッジ ………………… 136
interior permanent-magnet …… 80
IPM ………………… 80, 148, 194
main winding ………………… 103
mild steel …………………… 76
ovalization ………………… 162
PWM …………………………… 133

shaded pole motor …………… 96
single-can型 ………………… 92
slip …………………………… 54
SPM …………………………… 79
SRモータ ……………………… 32
SRモータの駆動回路 ………… 169
SRモータの原理 ………… 156, 159
surface permanent-magnet …… 79
synchronous motor …………… 32
T/N特性 … 29, 114, 117, 118, 121, 146
Tesla ………………………… 31
two-can型 …………………… 92
unipolar ……………………… 89
Y結線 ………………………… 49
Y字型 ………………………… 80
Y字集中巻モータ …………… 115
Δ結線 ………………………… 49

あ行

位相 ………………………… 6, 7
インダクタ …………………… 89
インダクタンス …………… 82, 88
インバータ …………………… 128
渦電流モータ ……………… 75, 76
エアコン用インバータ ……… 151
エネルギーマネージメント …… 195
エンドリング ………………… 51
オーバリゼイション ………… 162

か行

開溝 …………………………… 66
塊状鉄心誘導モータ …………… 76
回生発電 ……………………… 21
回転磁界 …………………… 30, 84
回転磁界型モータとの関連 …… 169
角周波数 ……………………… 6
篭型誘導モータ ……… 48, 51, 184
重ね巻 …………………… 35, 44
ガリレオフェラリス …………… 31
間欠運転 …………………… 195
慣性モーメント ……………… 73

空間的3相 …………………… 42
隈取型誘導モータ …………… 96
グループ ……………………… 94
クローポール ………………… 89
クローポール式速度発電機 … 186
高圧発生 …………………… 147
効率 …………………………… 12
交流発電機 …………………… 23
交流モータ ……………… 3, 23, 27
コギング解消 ………………… 94
コギングトルク ……………… 80
コンダクタンス ……………… 88
コンデンサ …………………… 98
コンデンサ始動 …………… 110
コンデンサランモータ ……… 102
コンバータ ………………… 128

さ行

直巻モータ …………………… 29
時間的3相 …………………… 42
自己インダクタンス ………… 52
自己起動式 …………………… 84
姿勢制御 ……………………… 77
実効値 ………………………… 6
時比率 ……………………… 134
ジャンプジェット ………… 115
集中巻 …………………… 36, 117
周波数 ………………………… 6
主巻線 ……………………… 103
磁力線の曲がり ……………… 84
スイッチ素子 ……………… 132
スキュー ……………………… 48
スター・デルタ起動 ………… 68
スタータ用モータ ………… 185
ステップ …………………… 163
ステップ角 ………………… 168
ステップ数 ………………… 168
スピンドルモータ …………… 85
すべり …………………… 54, 58
正弦波変調 ………………… 139
静電エネルギー …………… 100
静電容量 ……………………… 98
静電容量の適正値 ………… 105
静電流 ……………………… 150

213

制動……………………… 21	同心巻……………………… 44	並列挿入………………… 103
センサレス……………… 191	凸極……………………… 157	ホイスト………………… 23
占積率…………………… 197	ドブロボルスキー……… 31, 41	ポール…………………… 157
全節……………………… 46	トムソン………………… 72	ポールアーク…………… 160
全節巻…………………… 166	ドラッグカップモータ… 73	補助巻線………………… 103
双凸極…………………… 167	トルク式………………… 56	
速度発電機……………… 185		**ま行**
損失……………………… 11	**な行**	
		毎極毎相のスロット数… 44
た行	軟鋼…………………… 75, 76	巻線型同期モータ……… 70
	二重籠型………………… 65	巻線型誘導モータ……… 70
ダイオード……………… 134	入力電力………………… 8	巻線係数………………… 46
第3次高調波…… 46, 47, 67, 140	ノイズレスインバータ… 150	メカトロニクス………… 189
台中……………………… 123		メモリーモータ………… 188
台湾のモータ産業……… 123	**は行**	モータ…………………… 3
多相交流………………… 14		漏れ磁束………………… 52
単極……………………… 89	ハーフブリッジ………… 157	
段差……………………… 163	ハーフブリッジ回路…… 159	**や行**
短節……………………… 46	パーミアンス…………… 88	
単相交流………………… 14	ハイブリッド・ステッピングモータ	誘導子………………… 89, 185
短絡環…………………… 51	……………………… 92	誘導子モータ…………… 94
短絡制動………………… 22	パシノッティ…………… 154	ユニバーサルモータ…… 27
短絡整流子型誘導モータ… 73	バックヨーク…………… 61	ユニポーラ……………… 89
中國生産力中心………… 124	発電機………………… 16, 21	横軸インダクタンス…… 83
直軸インダクタンス…… 83	発電作用………………… 21	
直流発電機……………… 18	発電制御………………… 114	**ら行**
直流モータ…… 3, 12, 18, 185	発電制動作用…………… 158	
直列結線………………… 107	パルス幅変調…………… 133	リアクタンス………… 53, 88
直列挿入………………… 103	半硬磁鋼………………… 75	力率……………………… 7
吊扇……………………… 120	反発始動モータ……… 72, 187	リバーシブルモータ…… 109
抵抗始動………………… 110	ヒステリシス同期モータ… 77	リラクタンス……… 82, 88, 157
低速同期モータ………… 89	ヒステリシスモータ…… 186	リラクタンスモータ…… 82
停動トルク…………… 58, 145	非同期モータ…………… 32	リング状コイル………… 36
テープレコーダ……… 77, 189	表皮効果……………… 65, 198	励磁リアクタンス……… 56
テスラ…………… 31, 41, 154	表面導体式誘導モータ… 73, 74	レコードプレーヤー…… 189
鉄心断面………………… 66	比例推移特性…………… 58	レジスタンス…………… 88
電圧……………………… 7	深溝型…………………… 65	
電圧三角形……………… 106	ブラシレスモータ……… 194	
電機子…………………… 16	ブラシレスモータの限界挑戦… 193	
電磁誘導………………… 54	フラックスバリア……… 86	
天井扇…………………… 120	フレミングの右手と左手… 20, 51	
電流……………………… 7	分割鉄心………………… 197	
電流制限方式…………… 170	分速……………………… 168	
電力……………………… 7	分布巻…………………… 35	
等価回路………………… 56	ベアリングの変化……… 150	
同期角速度……………… 57	閉溝……………………… 66	
同期速度……………… 57, 60	並行推移特性………… 59, 145	
同期モータ……………… 32	並列結線………………… 107	
統合化設計……………… 190		

■著者略歴■

● 見城尚志（Kenjo Takashi）　1940年静岡県生まれ
1964年　東北大学大学院工学専攻科修士課程修了、ティアック株式会社入社、磁気記録機器用精密小型モータの設計と研究を開始
1965年　職業訓練大学校常勤講師
1970年　東北大学より工学博士
1971年　職業訓練大学校助教授
1981年　日本能率協会「小形モータ技術シンポジウム」企画委員長（90年まで）、83年より展示会を併設、やがて世界最大規模になる
1981年　職業訓練大学校教授
2005年　職業能力開発総合大学校を定年退職、日本電産モーター基礎研究所所長
2007年　名誉所長
2012年　現在、日本電産技術顧問

● 簡　明扶（Chien Ming-Fu）　1940年台湾台北生まれ
1965年　台湾大同工学院電気機械工学科卒業
1965年　大同股份公司入社。誘導電動機・同期電動機の設計を担当
1970年　5〜11月、東芝鶴見工場と三重工場で研修
　　　　大同公司馬達設計部長・主任工程師（1992年まで）
1992—2001年　中國生産力中心（China Productivity Center）馬達産業振興顧問として台湾の小型モータ技術のレベルアップ及び国際協力の促進に従事
2001年—　創新馬達研發推廣社群（Innovative Motor Development & Promotion Network）技術長（Technical Director）

● 陳　正虎（Chen Cheng-Hu）　1974年台湾宜蘭県生まれ
1990—1995年　国立宜蘭農工専科学校
1997年　　　　国立台湾科技大学卒業
1999年　　　　国立成功大学修士課程修了
2002年　　　　国立成功大学より博士号受理
2002—2006年　国立成功大学研究助理
2006年　　　　国立成功大学よりハイブリッド駆動スクータの研究で博士学位を取得
2006—2007年　国立虎尾科技大学車両工程系　助理教授
2007—2007年　国立台湾師範大学機電科技系助理教授
2007年より　　国立宜蘭大学機械および機電工程学系助理教授

- ●装　丁　　　　中村友和(ROVARIS)
- ●作図＆DTP　　株式会社キャップス

しくみ図解シリーズ
最新小型モータが一番わかる

2013年4月25日　初版　第1刷発行

著　　者　見城尚志
　　　　　簡　明扶
　　　　　陳　正虎
発 行 者　片岡　巌
発 行 所　株式会社技術評論社
　　　　　東京都新宿区市谷左内町 21-13
　　　　　電話　03-3513-6150　販売促進部
　　　　　　　　03-3267-2270　書籍編集部
印刷／製本　株式会社加藤文明社

定価はカバーに表示してあります

本書の一部または全部を著作権法の定める範囲を超え、無断
で複写、転載、複製、テープ化、ファイルに落とすことを禁じます。

©2013　見城尚志　簡明扶　陳正虎

造本には細心の注意を払っておりますが、万一、乱丁(ページの乱れ)
や落丁(ページの抜け)がございましたら、小社販売促進部までお送
りください。送料小社負担にてお取り替えいたします。

ISBN978-4-7741-5584-5　C3054

Printed in Japan

■ご注意

本書の内容に関するご質問は、下記の宛先までFAXか書面にてお願いいたします。お電話によるご質問および本書に記載されている内容以外のご質問にはいっさいお答えできません。あらかじめご了承ください。

〒162-0846
東京都新宿区市谷左内町 21-13
㈱技術評論社　書籍編集部
「しくみ図解シリーズ」
FAX 03-3267-2271